traveling **88** distilleries
SINGLE MALT WHISKY

全球單一純麥威士忌
一本就上手

SCOTLAND · IRELAND · JAPAN · SWEDEN · TAIWAN

黃培峻 著

目錄

第1章　蘇格蘭

1-1 艾雷島區 Islay

1-2 高地區 Highland

目錄

目錄

目錄

自序：我的威士忌之旅

2002 年，當我到蘇格蘭讀書，就注定我要跟威士忌談戀愛了。在蘇格蘭的求學生活，你必須學會如何與寂寞相處，也必須學會如何自己找樂子排解寂寞。每天夜晚除了讀書，細細的品嚐威士忌就是我排解寂寞的好方法。每當假日時，我就會開車去蘇格蘭的產區，逛逛我喜愛的酒廠。我永遠都忘不了初逛第一家酒廠 Aberlour 帶給我的感動，原來親自到酒廠才能真正體會製酒人的想法與堅持，也才能體會當地的風土所能帶給我們手上那杯酒的影響。

何其幸運，2006 年，因緣際會下，我成為了蘇格蘭麥芽威士忌協會台灣分會的會長。負責推廣協會在台的業務，也因為工作的關係認識了許多國外或國內的相關從業人員，不僅讓我有機會喝到更多好酒，也讓我有更多機會出國參觀酒廠。從我正式踏入這行，就期許自己要更專業，當跟人分享威士忌時，不僅要喝過還應該要去當地參觀過。我總共花了八年的時間，足跡遍及蘇格蘭、愛爾蘭、日本與瑞典，到目前為止已經參觀過 128 家蒸餾廠，當然數字還會繼續增加下去，我想即便我終其一生，都不一定能把全世界所有威士忌酒廠全部逛完。

2009 年我創辦了 *Whisky Magazine* 中文版，也舉辦了第一屆 Whisky Live 台北站；在這同一年也開了一家威士忌酒吧 Whisky Gallery，酒吧裡放著超過 600 種的威士忌，目的就是推廣威士忌文化。

一路上我都執著在我喜愛的威士忌產業上。2011 年參與了投資併購日本輕井澤威士忌，雖然這家酒廠關掉了，剩下好的酒桶有一半都在我手上。而為了更了解威士忌酒廠的運作，2012 年我參與了投資 Isle of Harris 蒸餾廠的投資案，不久的將來

我也會擁有自己的蒸餾廠。也由於我對產業的付出，這一年也獲得台灣 Pernod Ricard（保樂力加）集團的提名，成為蘇格蘭威士忌業界最高榮譽雙耳小酒杯執持組織（Keeper of Quaich）的終身會員。

我很自豪的說，目前大中華區威士忌的領域，沒有一個人能夠跟我有相同經歷，這麼精采有趣。只能說我真的很幸運，一路上有那麼多同業好友幫我，讓我的威士忌之旅一路走到現在都很順利，也希望未來能更精采！

為何要寫這本書呢？我非常感謝本書編輯貝莉的鼓勵。她希望我把那麼多年參觀酒廠經驗集結成書分享給讀者。尤其目前華人圈的威士忌相關書籍都是翻譯書，還沒有任何華人作家出過這類的書籍，她希望我能成為這個領域的第一位華人作家。沒有她的鼓勵，以及貼心的 Wenny 協助我整理過去的照片與資料，我想這本書應該還要等好幾年以後，我老了閒閒沒事幹的時候才會出版。最後，我衷心的希望這本書能幫助所有的讀者更進一步了解威士忌，讓讀者透過這本書跟我一起去威士忌的世界旅行。

關於本書「C/P 值」定義：
每瓶酒都有值得欣賞的地方。書中評論 C/P 值高低，並不是代表好不好喝，而是有些酒比較缺少，導致物以稀為貴，所以花更多的錢買相同感受。所以我會給這樣的酒 C/P 值較低，並無關好不好喝！

關於「價格」：
因售價時有變動，本書價格僅供參考。

威士忌品飲方式

純飲 / Straight

　　將威士忌直接倒進酒杯品飲。一般在酒吧品飲以 Single 30ml 為基本份量,或是直接點 Double 60ml 份量,在比較有質感與專業的酒吧中,會以品酒杯(鬱金香杯)盛裝,較能細細品嚐細微的香氣與欣賞金黃或是琥珀等不同色澤。若是想要享受更複雜的香氣變化時可以加入常溫水一起飲用。

加冰塊 / On The Rock

　　在傳統威士忌杯中先加入大顆冰塊,將威士忌沿著冰塊慢慢倒入到酒杯的一半高,再用攪拌棒稍微攪拌即可。若是在比較有質感或講究的酒吧中則會選用老冰,老冰是於 -22℃ 以下急速冷凍約一週的冰塊,特質是裁切時較容易裁切出想要的形狀且在酒中融化較慢。

水割 / Whisky and Water

　　將較小的冰塊加到高平底酒杯中，倒入約 1/3
酒杯份量的威士忌，充分攪拌後再加入小顆冰塊
後，通常加入威士忌份量 1 倍到 1.5 倍的份量即可，
濃度可依個人喜好調整。

加蘇打水 / High Ball

　　在高平底杯中先加入冰塊，依個人喜好倒入
Single 或是 Double 份量的威士忌，之後再加入蘇打
水稍微攪拌即可。

威士忌名詞介紹

After Note 尾韻

飲用威士忌之後留下的餘韻。與 Finish、After Taste 同義。

Angel's Share 天使的份例

專指以酒桶熟成的蒸餾酒都會發生的現象。在酒桶熟成過程中，從酒桶蒸發掉的蒸餾酒，人們用「天使喝掉了」來解釋與形容這現象。蒸發量不一，但據說一年大概會流失 2% 的威士忌產量。

Body 酒體

酒體指酒中所含固形物濃度，是酒在舌頭上的重量的感覺。它決定於酒精濃度與酸度的高低；酸度越高會顯得酒體偏輕，酒精度高則會顯得酒體偏重。

Barrel 酒桶

容量約 185 公升，熟成威士忌所使用的木桶形式之一。法律規定，美國的波本威士忌必須使用新酒桶熟成；而蘇格蘭威士忌或日本威士忌的熟成則習慣使用舊酒桶。

Blended Whisky 調和威士忌

混合麥芽威士忌和穀類威士忌製成的威士忌。

Bourbon Cask 波本桶

美國白橡木製，曾經用於熟成波本酒的酒桶。有些蘇格蘭威士忌則再回收利用這些曾熟成過波本酒的酒桶進行熟成，這就是所謂的「波本桶熟成」。

Char 燒烤

指的是熟成桶內部的燒焦狀況。燒烤是為了讓酒桶的木材成分容易溶入威士忌中。酒桶內部的燒焦炭化稱為 Char，燻燒則稱為 Toast。

LOW WINES STILL
CAPACITY 15,000 LITRES

Chill Filtration 冷凝過濾

酒桶熟成後的威士忌冷卻後，一部分的香味成分會形成結晶而出現白濁的狀態。因此，一般都會進行冷卻過濾掉。

Coffey Still 古菲氏蒸餾器

同時稱為連續蒸餾器（Continuous Still），可以 24 小時不間斷地持續蒸餾，效能較銅製蒸餾器大，常被蒸餾大量穀類威士忌時使用。

Condenser 冷凝器

用壺型蒸餾器蒸餾酒時，將汽化的酒精還原成液體的冷卻裝置。

Dunnage 堆積式

傳統酒窖的酒桶堆積法，在地板上鋪設木軌，將酒桶依序堆疊，一般最多堆積二到三層。相對於此，目前酒窖較多使用坪效高的層架式堆積法這種隨意調整架數的儲酒方式。

Floor Malting 地板式發芽

傳統式製麥法。首先將大麥放入浸泡槽，之後在水泥地板上鋪平浸過水的大麥。工人會利用稱為 Steal 的木製鏟不定時翻動，讓大麥均衡發芽。通常需要花上 7 至 10 天。

Golden Promise 黃金大麥

二稜大麥的品種之一。適合種植於蘇格蘭的氣候環境，自古以來被評為製作麥芽威士忌的優良品種。由於現今黃金大麥產量較少，價格昂貴，所以已經被 Pipkin、Triumph 等新品種取代。

Grain Whisky 穀類威士忌

穀類威士忌以玉米、小麥等穀類為原料，利用連續蒸餾器蒸餾而成。新酒的酒精濃度很高，約高達 70% 以上，香味成分較少。只用穀類原酒製成的調和威士忌特別稱為單一穀類威士忌，多半作為調和的基酒。

Head 酒頭

也稱為初段酒（Foreshots）。第二次蒸餾時最先流出來的酒。

Heart 酒心

第二次蒸餾時所取得可用酒精的部分。

Hogshead 豬頭桶

橡木桶常見的一種類型，容量為 250 公升。

Kiln 燻窯

專門用來烘乾麥芽的窯場。原本指爐或是窯，在蒸餾廠專指烘乾麥芽中的大麥，避免其繼續發芽。

Lyne Arm 林恩臂

蒸餾器的一部分，位於蒸餾器上方通往冷凝器的酒精蒸氣引導管；林恩臂的長度和角度能影響蒸餾器內部的蒸氣，進而影響最終的烈酒品質。

Lomond Still 羅門式蒸餾器

較為少見的蒸餾器形狀，蒸餾器上部有一個圓柱形狀，島嶼區的 Scapa 就是使用此蒸餾器。

Malt Whisky 麥芽威士忌

以大麥為原料製成的威士忌。

Marriage 調和後再熟成

將在不同酒桶裡熟成的威士忌互相調和，或是與穀類威士忌調和後，再度放入酒桶中熟成的過程。

Mash Tuu 糖化槽

用來煮麥汁產生糖水的大型容器，產生後的糖水會移到發酵桶加入酵母發酵。

Mini Cask

5 公升大小的酒桶。

New Pot 新酒

酒汁蒸餾器蒸餾出的無色透明原酒（New Spirits）。酒精濃度因蒸餾廠而異，大概為 60% 至 70% 左右。

Official Bottles 原廠裝瓶

麥芽威士忌的蒸餾廠，或是經營蒸餾廠的公司裝瓶的麥芽威士忌。

Peat 泥煤

蘇格蘭威士忌製造過程中使用的，是在寒帶沼地中繁殖的石南花等植物長時間沉積後所形成的泥煤。蘇格蘭北部等濕地有豐富的蘊含量。

Pot Still 壺型蒸餾器

麥芽威士忌蒸餾時所使用的蒸餾器之一，可說是製造威士忌的象徵。將發酵後的酒汁（Wash）倒入銅製的壺型蒸餾器進行蒸餾。大小和形狀都因各家蒸餾廠而異，也左右了各家威士忌的風格口味。

Purifier 純淨器

部分酒廠會將純淨器裝設在林恩臂上，過濾其它的蒸氣化合物，只讓最純淨、最易揮發的酒精蒸氣通過，讓它們再去循環蒸餾。純淨器具有讓威士忌酒體變輕的效果。

Sherry Butt 雪莉桶

與 Sherry Cask 同義。500 公升的容量是麥芽威士忌成熟的最高級，將雪莉桶成熟的酒桶再利用於蘇格蘭威士忌的熟成。這種酒桶熟成的威士忌會帶有濃厚的水果味，色澤是偏琥珀色。Macallan 和 Glanfarclas 威士忌便是以雪莉桶聞名。

Single Cask 單桶原酒

從單一酒桶中取得的麥芽威士忌裝瓶的商品。多半是桶裝強度原酒。

Single Malt Whisky 單一純麥威士忌

只用同一所威士忌蒸餾廠的麥芽威士忌調和裝瓶的威士忌。

Smoky Flavor 煙燻香

烘乾麥芽的程序中來自焚燒泥煤的煙燻味。有時也用泥煤味來形容。這類酒以艾雷島最為知名。

Solera 雪莉桶陳釀系統

為確保每個年份的作品風味一致，雪莉酒有一套獨特的培養方式，稱為「Solera 系統」：酒廠每年從層層堆疊的陳酒橡木桶中，取 1/3 最底層陳年最久的酒液裝瓶，再從上一層木桶抽取 1/3 次陳年酒補滿底層橡木桶，以此類推，剛釀好的最新年份酒則添入最上層酒桶。混合了多年份酒液的雪莉酒變得更多樣複雜，從琥珀色到黑檀木色，從特乾到濃甜，不同種類各有千秋；口味細緻並帶有蘋果及酵母香的不甜雪莉酒更是唯一適合當成開胃酒的加烈酒。

雪利酒通常都需在 Solera 系統中陳化 3 年以上。一旦瓶裝，雪利酒將不會進一步陳年，應該盡快飲用。

Spirits Still 烈酒蒸餾器

將第一次蒸餾取得的低度酒（Low Wine）再蒸餾一次，因此又稱低度蒸餾器（Low Wine Still），也用於麥芽威士忌第二次蒸餾的蒸餾器。這道程序稱為二次蒸餾，提煉出的蒸餾酒（新酒）的酒精濃度大約是 60 至 70%。

Un-Chill Filtered 非冷凝過濾

指未冷卻過濾的威士忌。酒桶成熟的威士忌在冷卻成熟後，部份的香味成份會結晶、渾濁。加冰塊飲用的時候也會發生相同現象。因此一般會進行冷卻過濾，防止該現象發生。不過有些威士忌會略過此過程讓香味更豐富，像是一些單桶原酒或高濃度威士忌。

Vatted Malt Whisky 調和麥芽威士忌

多種麥芽威士忌混合的麥芽威士忌。通常用來調合的麥芽威士忌多來自不同的蒸餾廠。在 2005

年英國威士忌協會開始呼籲各酒廠將調和麥芽威士忌標示為「Blended Malt Whisky」。

Wash 酒汁

在麥汁裡添加酵母菌放入發酵槽內發酵後所產生的物質。酒汁的酒精濃度為 7% 至 8%。

Wash Back 發酵槽

製造酒汁的容器，有木製、鐵製、不鏽鋼等等。

Wash Still 酒汁蒸餾器

威士忌第一次蒸餾時使用的銅製蒸餾器。

Wood Finish 過桶

在熟成的最後階段，將威士忌放入另一種不同風格或種類的酒桶中，以添加其獨特風味，這也是威士忌調酒師展現所負責品牌風味和特色的重要步驟。

Worm Tubes 蟲桶

線圈形銅管，向下螺旋狀的冷凝器，使蒸餾後的蒸汽凝結成液體。

將林恩臂所收集的酒氣，通過向下螺旋狀的管線，一圈一圈的環繞在木桶內進行冷凝。冷凝速度比全包覆式的冷凝器慢，卻能得到更醇厚的酒體，保有更多香氣。

Wort 麥汁

將絞碎的大麥和熱水一起加入糖化槽後所產生的麥汁，很像甜甜的大麥汁。

Yeast 酵母

讓麥汁發酵為酒精的真菌。和做麵包時使用的酵母菌是同種類的細菌。

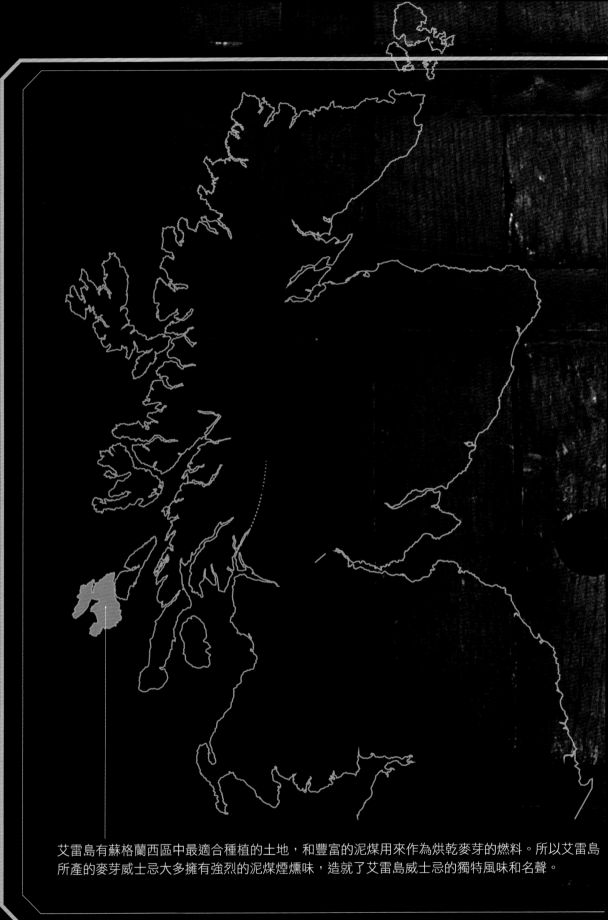

艾雷島有蘇格蘭西區中最適合種植的土地，和豐富的泥煤用來作為烘乾麥芽的燃料。所以艾雷島所產的麥芽威士忌大多擁有強烈的泥煤煙燻味，造就了艾雷島威士忌的獨特風味和名聲。

第1章 蘇格蘭

1-1 艾雷島區 Islay

泥煤野獸
Ardbeg
雅柏

Ardbeg 蓋爾語的原意為「狹小的海角」。Ardbeg 酒廠於 1798 年開始生產威士忌，直到 1815 年在 Macdougal 家族手上才開始商業性的釀造；1886 年，Ardbeg 酒廠在總人口200多人的村莊裡就雇用了 60 名釀酒工人，締造了每年產量達到 113.5 萬升的紀錄。但到了 1977 年，擁有經營權的 Hiram Walker 公司卻決定停止自行燻烤麥芽，甚至在 1979 年決定所有的威士忌都不再使用以泥煤燻烤的麥芽，這樣倒行逆施的結果當然是讓顧客大量流失，導致 1981 年酒廠關閉。

讓 Ardbeg 重生的是 1997 年入主的 Glenmorangie 酒廠，並於 2004 年隨著 Glenmorangie 一同歸屬 Moet Hennessy Louis Vuitton 集團（簡稱 LVMH），隨著集團的行銷，Ardbeg 開始為全世界的威士忌迷所熟知。2000 年，以 Stuart Thomson 為首的數千名愛好 Ardbeg 的人組成了 Ardbeg 委員會，宗旨是確保 Ardbeg 永遠不再關廠，現在會員已經超過了 3 萬人，可見 Ardbeg 魅力多麼無遠弗屆。甚至可以大膽的說：沒喝過 Ardbeg，別說你喝過艾雷島的威士忌！

酒廠資訊

地址：Port Ellen, Islay, Argyll PA42 7EA.

電話：+44 (0) 1496 302244

網址：www.ardbeg.com/ardbeg/distillery

　　Ardbeg 酒廠有一隻可愛的狗，在你參加酒廠解說導覽時，若經過磨麥區的牆旁，你可以發現酒廠還為牠製作了一個可愛的雕像呢！據酒廠的朋友說，酒廠的遊客餐廳是艾雷島上數一數二的餐廳，在午餐時間，許多其它酒廠的員工都會跑來這裡捧場。酒廠旁有個像小山堆的岩石區，只有那裡才能拍到酒窖牆外印的 Ardbeg 幾個大字，這是所有來參觀艾雷島威士忌迷的潛規則，一定要與這個印有酒廠大字的外牆合照，才能證明你真正來過這裡。上來岩石區拍照的同時，我才感受到原來酒廠承受的海風如此強勁，那海風強大到眼睛都快張不開了，不禁想到 Ardbeg 的酒桶經年累月承受這麼強烈的海風，難怪塑造出如此強勁的風味與野獸般的泥煤口感。

　　在 Octomore 以及其它一些小品牌威士忌推出了以超高泥煤含量為號召的威士忌酒款後，Ardbeg 不再是泥煤含量最高的代表；但若要在蘇格蘭的 Single Malt 中找一支泥煤特色最突出的酒款，相信大多數酒迷的答案還是只有素有「艾雷島野獸」之稱的威士忌──Ardbeg。除了強勁的泥煤風味，Ardbeg 也有動人細緻的水果香氣。如果你細細的品嚐它，就會發現 Ardbeg 威士忌其實是外表強硬但內心溫柔的野獸呢！

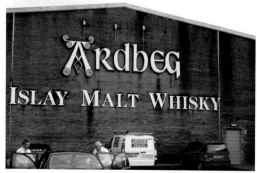

Ardbeg 10 Years Old

香氣：煙燻果香，泥煤香氣伴隨著淡淡檸檬與萊姆香氣，隨後伴隨著淡淡的黑巧克力香氣，非常迷人。

口感：淡淡泥煤味帶有肉桂芬芳的太妃糖甜味。隨後有淡淡的香草與巧克力的味道，細細察覺還能感受到咖啡的餘韻。

尾韻：細緻且悠長，是一款很細緻耐喝的艾雷基本款威士忌。

C/P 值：●●●●○

價格：NT$1,000 ～ 3,000

Ardbeg Blasda

香氣：淡淡的丁香與松果的香氣，伴隨著芬芳的香草香氣。充滿微微的海風味特別迷人。

口感：清新、柔順與細緻。堅果與細緻的香草味道完美的結合在一起。海風的鹽味非常輕柔，讓人好像置身在海灘喝這杯酒。

尾韻：細緻悠長。

C/P 值：●●●○○

價格：NT$1,000 ～ 3,000

Ardbeg Supernova

香氣：濃郁的泥煤香氣並伴隨著淡淡的西洋梨香氣與悠悠的香草香氣。黑巧克力與辛香胡椒瀰漫而出。香氣尾段還伴有黑醋栗的香氣，是一款香氣非常豐富的艾雷島威士忌。

口感：口感厚實，煙燻與海鹽味道非常顯明。雪茄香味、黑巧克力與熱帶水果的味道逐漸增強，最後則呈現出咖啡豆與烤杏仁的味道。

尾韻：悠長持久，尾段帶出海風煙燻味道讓人陶醉其中。

C/P 值：●●●●●

價格：NT$5,000 以上

Ardbeg 10 Years Old & 巧克力

　　強勁而飽滿的泥煤煙燻味、漂亮的花果香、厚實的酒體，Ardbeg 10 年就是這麼一支具備了所有典型的艾雷島威士忌風格，又帶著美妙甜味的酒款，而這股甜味跟巧克力真是絕美的搭配，尤其是可可 % 數偏高的巧克力，入口的瞬間，因為 Ardbeg 10 年而略顯燥熱的口腔馬上帶著芬芳的可可香氣融化開來，撫慰受到泥煤侵襲的舌頭，等到甜味褪去後，已經被柔化，隱藏在剛強表面底下，Ardbeg 10 年各種細緻的味道如太妃糖、牛奶、葡萄乾、檸檬、熟透的香蕉等等一個接一個的展現出來。

造物孕育的神祕香水
Bowmore
波摩

Bowmore 的蓋爾語本意為「大岩礁」。Bowmore 酒廠是艾雷島上最古老的威士忌酒廠。1779 年創立以來即位於島上的 Indaal 灣海岸邊，酒廠目前屬於日本 Suntory（三得利）集團旗下的 Morrison Bowmore Distillers Ltd（簡稱 MBD）。

這是少數採用地板鋪曬發芽的蒸餾酒廠，大約有 40% 自產的威士忌採用這種發芽方式的麥芽釀造。泥煤直接從附近的 Laggan 沼澤獲取，這些泥煤都浸泡過海水，因而賦予了威士忌濃烈的海潮香氣。酒廠的主要水源為 Laggan 河，歷經了高山岩層及地下泥煤層的仔細過濾後，使得酒中帶有許多複雜而深沉的風味。另外值得一提的是 Bowmore 著名的 1 號酒窖，位置低於海平面且長年受到西風吹拂，這也使得 Bowmore 威士忌擁有與其它艾雷島威士忌截然不同的特色：濃烈悠遠的煙燻海潮香。

這家酒廠我曾經造訪兩次，整個酒廠的外觀與內部非常乾淨整齊，日本式的管理果然對這家酒廠帶來非常大的影響。酒廠旁的一個溫水游泳池，乃是酒廠將舊有儲藏室所改建提供給市民所使用的，溫水則是利

酒廠資訊

地址：Bowmore Visitor Centre, Bowmore Distillery, Bowmore, Isle of Islay

電話：+44 (0)1496 810671

網址：www.bowmore.com

用酒廠排出的廢蒸氣供熱。游泳池的所有電力與酒廠一樣，都是使用酒廠的潮汐發電系統，是一個非常節能環保的酒廠。夏天造訪該酒廠，陽光照射在酒廠旁的海面上，反射出一道道的金色的光芒，伴隨著雪白皎潔的酒廠外牆，讓人不自覺地愛上這家酒廠。酒廠外就是 Bormore 市，同時也是艾雷島上的主要城市，你可以發現許多有特色的商店與餐廳，也可以恣意地逛逛走走與品嚐當地的食物。

　　在地理位置上，Bowmore 居於島的中央；而就口感而言，Bowmore 也介於南岸的濃厚與北方的清淡之間。許多品嚐過 Bowmore 威士忌的人，都會發現它有一股特殊的香氣，我個人稱它為香水味。這個香氣很像香水，也有人稱這種香味為海藻的香氣。我曾經詢問過酒廠的人這個香氣產生的原因，但連酒廠的人也無法肯定的證實這謎樣的香水味來自何方！我只知道，Bowmore 酒廠比其它酒廠更受西風吹拂，但是不是西風在 Bowmore 複雜的香氣風味中，帶來了奇妙的化學變化，讓其香味蘊含著神秘的香氣，就留給各位判官各自去品研與玩味了。

Bowmore 12 Years Old Islay Single Malt Scotch Whisky

香氣：特有的波摩香水泥煤香氣，海風、香草、海藻與麥芽香氣陸續呈現，是一款香氣非常豐富的艾雷威士忌。

口感：泥煤的煙燻口感，香草、黑巧克力與淡淡的海水鹽味。

尾韻：細緻悠長，很喜歡它的煙燻海風的香氣持續從喉中緩緩散出。

C/P 值：●●●●○

價格：NT$1,000 ～ 3,000

Bowmore 15 Years Old Islay Darkest Single Malt Scotch Whisky

香氣：黑巧克力及葡萄乾味非常顯明，淡淡的雪莉酒的香氣與熟成水果的香氣隨後散發，香氣複雜且多層次。

口感：最初你能感受到美妙的木桶煙燻烤味及豐富的太妃糖蜜口感。隨後黑巧克力的味道、熱帶水果與海風泥煤味完美的結合，口感非常圓潤飽滿。

尾韻：最令人的印象深刻的是熱帶水果與黑巧克力會緩緩地從口中散發出來。

C/P 值：●●●●●

價格：NT$1,000 ～ 3,000

Bowmore 18 Years Old Islay Single Malt Scotch Whisky

香氣：奶油焦糖太妃糖、夾帶著熟成水果及煙燻香氣。

口感：水果及巧克力的口感，並伴隨著絲縷般的木質煙燻味道。

尾韻：悠長，味道多變且平衡。帶有豐富的水果氣味，與特殊的波摩泥煤味道融合在一起。

C/P 值：●●●○○

價格：NT$3,000 ～ 5,000

流行時尚威士忌教主
Bruichladdich
布魯萊迪

　　這家酒廠位於 Loch of Indaal 湖濱，是蘇格蘭最西端的一家酒廠，成立於 1881 年，由 Robert William 和 John Gourlay Haney 聯合創建，是蘇格蘭第一批使用水泥建造廠房的酒廠，後來歸入 Whyte & Mackay 的旗下，曾在 1995 年一度停止生產。2000 年由倫敦裝瓶商 Murry McDavid 重新接手後，Bruichladdich 就開啟奇蹟般的重生；新主人為它組建了全新的經營團隊，尤其當 2001 年邀請到曾任職於 Bowmore 的釀酒師 Jim McEwan 加入之後，Bruichladdich 走出了一條屬於自己的康莊大道。除了接連推出的限量系列大受歡迎之外，核心酒款的評價也直線上升。也由於該酒廠的好表現，2012 年被 Rémy Cointreau（人頭馬君度）集團所併購。可惜的是，蘇格蘭的獨立蒸餾廠從此又少了一家。

　　如果要在艾雷島上找一座最擅於操作話題的酒廠，那應該非 Bruichladdich 莫屬了，在酒廠現任主事者 Mark Reynier、生產主管 Jim McEwan 以及酒廠經理 Duncan McGillivray 的帶領下，2005 年營利增倍，最主要的原因就是他們推出了許多限量的特別版本威士忌，而且都受到

酒廠資訊

地址： Isle of Islay, Argyll PA49 7UN

電話： +44(0) 1496 850190

網址： www.bruichladdich.com

市場的肯定與歡迎，像是 Infinity、3D、The Forty and Rocks、he Fifteen second edition、Legacy Series IV 等等。2006 年還推出了 Port Charlotte PC5、Infinity 第二版、3D 第二版等，同樣掀起了酒迷的收藏熱潮。Bruichladdich 酒廠就像艾雷島威士忌產業中的流行時尚教主，隨時都能觀察出艾雷島威士忌迷未來的喜好趨勢，推出消費者喜好的威士忌，引導艾雷島威士忌的流行趨勢！

這是一家想法時尚、設備傳統的蒸餾廠。該酒廠目前仍使用傳統半開放式的糖化槽，目前的威士忌產業已經少有酒廠使用這項設備了。酒廠配備了 6 個傳統奧勒岡松木製成的發酵槽和 2 對蒸餾器，所有儲熟威士忌的酒桶都被儲存在 Bruichladdich 或老夏洛蒂港酒廠，有的是傳統鋪地式倉庫，有的則是框架式倉庫。2/3 威士忌在波本桶裡陳放、其餘 1/3 則置於雪莉桶和其它各種葡萄酒風味桶中，而且他們還擁有自己的裝瓶生產線。

Bruichladdich 可以算是艾雷島威士忌的入門款，對於首次嘗試泥煤風味的人，它那有點類似斯佩賽區的輕盈酒體以及較為清新的泥煤味較容易讓人接受。除了以 Bruichladdich 為名的酒款之外，酒廠還另外生產 Port Charlotte & Octomore 的酒款，在 Jim McEwan 的操刀下，近年來推出許多挑戰重泥煤極限的威士忌，受到注目，如果想試試看不一樣的艾雷島威士忌，試試看 Bruichladdich，相信會來許多驚喜。

推薦單品

Bruichladdich 10 Years Old

香氣：淡淡的煙燻泥煤風味，伴隨著輕甜麥芽香。另外還能聞到新鮮的鮭魚味道，非常有趣。

口感：海水的鹹味與泥煤味道夾雜，隨後能感受到香草與麥芽的香甜味道。

尾韻：偏短，是比較可惜的一點。

C/P 值：●●●○○

價格：NT$1,000 ～ 3,000

Bruichladdich 15 Years Old

香氣：清新、潔淨，有著明顯的花朵香，與些許的油脂氣味。

口感：一開始是清淡、淨雅的麥芽風味，接著是青草的甜香，與胡椒辛香的小火花陸續爆發於口中，整體感覺是活潑且綿長的。

尾韻：個性鮮明，有鹽和鐵的風味。

C/P 值：●●●○○

價格：NT$1,000 ～ 3,000

老船長的故鄉
Bunnahabhain
布納哈本

　　Bunnahabhain 蓋爾語原意是「河之口」。酒廠成立於 1883 年，位於艾雷島的北方，接近 Margadale 河。異於艾雷島上的所有其它威士忌酒廠，它不標榜威士忌的泥煤含量，反而強調其柔順與細緻的海風味道，對於剛接觸艾雷島威士忌的人，我想是一款非常適合的入門款威士忌。

　　Bunnahabhain 的威士忌號稱全艾雷島最柔順的威士忌。對我來說，該酒廠的威士忌最迷人的地方應該是它的香氣中充滿大海的海風氣味，在品嚐時，還有清淡柔和的海水鹽味，讓人就好像置身在海邊享用這杯威士忌！

　　酒廠目前屬於英商 Burn Stewart Distillers 集團，它在集團中佔有相當重要的地位，因為它提供了集團中銷量極大的調和威士忌—— Black Bottle 品牌的重要基酒。2010 年間酒廠做了一個很重大的轉變，為了保有該酒廠威士忌最自然的風味將酒廠旗下所有的 12、18 與 25 年的威士忌全部改成 46% 非冷凝過濾的單一純麥威士忌。

　　這家酒廠我曾經造訪兩次。一次在冬天、一次在夏天，完全截然不

酒廠資訊

地址：Port Askaig Isle of Islay PA46 7RP

電話：+44 (0)1496 840 646

網址：www.bunnahabhain.com

同的體驗。

　　夏天陽光和煦，艾雷島的陽光會讓你不自覺的愛上它。陽光暖和加上港口旁美麗的海景，彷彿覺得自己到了某個熱帶國家的度假勝地！坐港口旁，喝一杯 Bunnahabhain 威士忌，搭配著烤過的干貝與新鮮的島上生蠔，幸福指數直指破表！

　　反觀冬天，這裡的海風強勁，充滿淡淡鹹味的海風，呼嘯過臉龐，讓我再度愛上這種自然又充滿生命力的氣味。

　　在一百多年前，酒廠剛剛建立好，由於島上的陸運交通不便，酒廠的員工必須依靠海運運送大麥與燃料，才有辦法在這偏僻的一隅，生產 Bunnahabhain 威士忌。而酒廠旁的港口不夠深，大船無法停泊，必須停靠在外海、再利用小船運送所需原料到酒廠。諸多的不便與困難，也無法阻止酒廠追尋製造獨一無二威士忌的決心！這種堅毅不拔的精神，即使到現在，都能輕易在酒廠員工的表情上發現。為了感謝當初許多船長不畏艱辛的幫助酒廠運送物資，於是酒廠特地以老船長的圖像當作酒標。站在 Bunnahabhain 港口時，遙想當年運送物資的艱辛與盛況，當船長與水手完成所有艱困的任務時，品嚐一杯充滿強勁海風味的 Bunnahabhain 威士忌，整天的勞累都會幸福地一掃而空吧！

註：2013 年 Burn Stewart Distillers 集團已經被南非酒業龍頭 Distell Group 以 1.6 億英鎊併購。

Bunnahabhain 12 Years Old

香氣：麥芽清新的香氣伴隨著淡淡煙燻水果複雜香氣。靜下心來你會發現有一股像是站在海邊旁的海風香味。

口感：渾厚圓潤，淡淡果香及堅果味並伴隨著麥芽甜味。還有一絲絲的藻鹽味道。

尾韻：非常持久，我喜歡有股緩緩散發出的海風麥芽香甜味！

C/P 值：●●●●○

價格：NT$1,000 ～ 3,000

Bunnahabhain 18 Years Old

香氣：釋放出蜂蜜堅果味以及微微海洋風味迷人香氣，接著逐漸呈現濃郁太妃糖及水果香氣。如果說 12 年的海風味是在海邊，18 年的海風味就像搭著漁船置身在海洋中，那種像海洋的氣味。

口感：成熟堅果味並帶有微甜的熟成葡萄的甜味。隨後你可以清楚地感覺到柑橘巧克力與海水的淡淡鹹味。

尾韻：先是乾澀的感覺，接著淡淡的木桶煙烤味散佈口中，再轉成深海中的海洋鹽味及雪莉酒香味。

C/P 值：●●●●●

價格：NT$3,000 ～ 5,000

Bunnahabhain 25 Years Old

香氣：焦糖布丁的香氣，混合著複雜的橡木及煙烤堅果味，完美的交錯有致。深層香氣你能感受到熟成葡萄與淡淡的奶油巧克力香氣。

口感：圓潤厚實，迷人的蜜糖及奶油結合成美妙的口感，接著轉變成烤過的堅果及香甜的麥芽味，在伴隨著木桶辛香味為輔助，完美均衡。

尾韻：持久且複雜。熟成葡萄與蜂蜜的味道持久不散，是一款非常值得喝的老酒。

C/P 值：●●●●●

價格：NT$5,000 以上

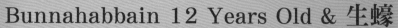

艾雷島每年夏初都會舉辦艾雷島威士忌嘉年華，島上最具代表性的傳統美食就是現開生蠔淋上威士忌，而島上現存的 8 家酒廠之中，最適合跟生蠔搭配的威士忌就是 Bunnahabbain 了，沒有嗆人的泥煤味，Bunnahabbain 柔和而優雅的煙燻海風味與生蠔的鮮味有很棒的搭配，而且可以完全去除海鮮腥味，讓人吃再多都不會感到膩口。

蒸餾器怪獸
Caol Ila
卡爾里拉

　　Caol Ila 的蓋爾語的本意為「艾雷島海灣」，酒廠成立於 1846 年。曾經到過艾雷島的威士忌迷們，應該都會對 Caol Ila 酒廠印象特別深刻。搭著從蘇格蘭本島到艾雷島的渡輪上，快接近艾雷島時，最先映入眼簾的就是這家酒廠儲酒室的外牆，外牆上大大地寫著 Caol Ila Distillery。隨後就會看到該酒廠的蒸餾室。蒸餾室外牆是用透明的玻璃牆，你能很清楚地在外海上就看到 Caol Ila 酒廠巨大的蒸餾器，彷彿坐落在岸上的怪獸，在岸邊張開雙臂歡迎來訪艾雷島的遊客。

　　Caol Ila 為目前艾雷島上產量最大的蒸餾廠，也是世界最大的烈酒集團 Diageo（帝亞吉歐）旗下產量最大的蒸餾廠之一。1974 年酒廠重新整修，許多舊房子都被現代化的新建築取代。蒸餾廠生產用的大麥來自艾雷島上的 Port Ellen 烘麥廠。同時，Caol Ila 酒廠也生產沒有泥煤風格的威士忌，大多是為了調和威士忌的基酒所生產，有些會裝成單一純麥威士忌來販售，為了區隔有無泥煤風格，無泥煤風格的 Caol Ila 也被稱為 Highland Caol Ila。由於產量非常大，島上並沒有那麼多的腹地來儲存威

酒廠資訊

地址：Caol Ila Distillery, Port Askaig, Isle of Islay PA46 7RL

電話：+44(0)1496 302769

網址：www.discovering-distilleries.com/caolila

士忌，大部分的威士忌都是在蘇格蘭本島上儲藏熟成與裝瓶。

　　參觀 Caol Ila 酒廠時，會發現遊客中心的架上有些特別發行的酒款酒標上會有個海豹的畫像，這是因為海豹經常出沒於釀造廠前面的吉拉（Jura）深海裡。Diageo 集團曾經選出集團中非常有特色的幾家酒廠，推出一套 Flora&Fauna 系列的威士忌，酒標上就是用各家酒廠旁常出沒的動物為酒標主角，海豹就是 Caol Ila 酒廠的代表。站在酒廠外的海邊，你還能遙望吉拉島，有時會若隱若現地印在你的眼簾！

　　酒廠所生產的威士忌泥煤風味強度，在艾雷島的酒廠中屬於中等，許多熱愛泥煤風味的威士忌迷常覺得它太沒有特色與泥煤風味不夠強勁。但對我來說，它是非常適合推薦給剛接觸艾雷島威士忌的人來品飲的。Caol Ila 威士忌的特色，就是帶有淡淡輕柔的花香，伴隨著微微的海風氣味與甜甜的麥芽香味，香氣非常迷人細緻。喝起來常常會在尾韻帶有一絲絲的海水鹽味，非常適合搭配海鮮與燒烤料理。

Caol Ila 12 Years Old

香氣：香草檸檬的水果香氣與淡淡煙燻香氣。隨後散發出細緻的杏仁、奶油與乾燥花香。

口感：平順的口感，麥芽的香甜味伴隨著芳香的煙燻泥煤味。隨後你能感受到香草與淡淡的果香味道。

尾韻：繚繞而甜的煙燻，算是年輕酒款中尾韻長的酒款。

C/P 值：●●●●○

價格：NT$1,000 ～ 3,000

Caol Ila 25 Years Old

香氣：麥芽香、橡木桶的燻烤香，與清新的海風味，最後有著明顯的水果蜜餞的香氣。

口感：入口立即感受到甜美水果的芬芳，隨後能感受到柔和的煙燻、消毒藥水味。是一款非常圓潤細緻的酒款，讓你能感受到不一樣的艾雷泥煤煙燻風味！

尾韻：悠長且細緻，泥煤果香的香氣會緩緩從喉中散發出來。

C/P 值：●●●●○

價格：NT$5,000 以上

氣質有涵養的狂野美少女
Kilchoman
齊侯門

Kilchoman 是艾雷島上一個新興酒廠，建廠於 2005 年，由 Anthony Wills 夫婦胼手胝足打造而成。Anthony 原本經營裝瓶廠 8 年，老闆太太是艾雷島人，家族在當地擁有土地與家業超過 60 年。他們在此地生活、工作了多年後，夫婦倆夢想著建立一個最小且傳統的威士忌酒廠，以古老的方式生產威士忌。於是開始以農場式的方式經營此酒廠，同時飼養牛、羊，生產肉乾、乳酪等在自己的商店販賣。

Kilchoman 是僅存少數還使用傳統地板發芽的酒廠之一，與其它家不同的是，他們的大麥部分也是源自於自己的農場，從 1990 年起便開始種植，因而酒廠每年只生產 10 萬公升的原酒。

除了自給自足的農場式經營之外，雖然年份還很新，但擁有自己的風格。艾雷島大麥、地板發芽、直火蒸餾，依循傳統的威士忌製成方式，不僅使用新的波本桶裝桶熟成，同時使用其它如雪莉桶、波特桶、葡萄酒桶等其它不同酒桶搭配熟成，這種與眾不同的創新風格非常值得敬佩！有時我不禁想，很多威士忌釀造者，往往因為想要創新風格，卻不自覺

酒廠資訊

地址：Rockside Farm, Bruichladdich, Isle of Islay PA49 7UT

電話：+44 (0)1496 850011

網址：kilchomandistillery.com

的改變了原本應有的精神，出來的成品似乎少了許多東西。但 Kilchoman 承襲了艾雷島的精神，但又賦予其威士忌不一樣的獨特性。滿足了威士忌迷對艾雷島的期望，但又創造出自己的風格，沒有一昧的比較泥煤多寡，反而呈現出新一代的樣貌。

Kilchoman 的 3 年、5 年新酒，屬於口味溫和的艾雷島威士忌。優雅、平衡且非常順口，沒有讓人不舒服的過度強烈艾雷味，屬於中等泥煤，像是艾雷的 Lady，有氣質、涵養的狂野艾雷美少女，是一種複雜但有意思、值得細細品味的味道。

推薦單品

Kilchoman Spring 2011 Release

香氣： 初聞酒精味過重，可能是酒齡比較年輕的問題。陳放過一陣子後，細緻的泥煤味、西洋梨、鳳梨、檸檬皮與香草香氣逐漸釋放出來。建議喝這款酒時，需要等一下，讓它醒一下。

口感： 渾厚，細緻的泥煤煙燻味、奶油起司與綜合水果味融合的非常好。

尾韻： 中長，尾段有一股鳳梨泥煤味。

C/P 值： ●●●○○

價格： NT$1,000 ～ 3,000

Kilchoman Sherry Cask Release 5 Years 46%

香氣： 一樣的問題，需要醒一下。厚重的泥煤香氣、強烈的木桶香氣、濃郁的柑橘皮與黑巧力的香氣。

口感： 厚重，非常強勁的酒體。雪莉酒的味道與橡木桶煙烤味道完美的融合在一起，隨後泥煤的味道非常強勁。

尾韻： 中長，尾段強烈的泥煤味非常持久。

C/P 值： ●●●○○

價格： NT$1,000 ～ 3,000

煙燻板鴨的風味
Lagavulin
拉加維林

Lagavulin 蓋爾語的本意為「水車磨坊所在的窪地」。酒廠成立於 1816 年，由 John Johnston 所創辦。Lagavulin 目前為 Diageo（帝亞吉歐）集團所擁有，同時也是 Diageo Classic Malt 珍稀系列的單一純麥威士忌其中的一家威士忌酒廠。

Diageo 在艾雷島有兩家王牌酒廠，Caol Ila 在艾雷島北方，口感較為清淡，Lagavulin 在艾雷島南方，口感則較為強烈。這兩家酒廠除了生產單一純麥威士忌，也肩負著提供集團調和威士忌生意中所需要的重要基酒。Caol Ila 大部分提供給 Johnnie Walker 當重要的基酒，而 Lagavulin 則是為另一品牌 White Horse 重要的基酒。

White Horse 成立於 1890 年，由 Peter Mackie 所創立。初期這個品牌是依賴 Lagavulin 與另一家艾雷島酒廠 Laphroaig 所提供的原酒調和。當這個品牌在市場逐漸供不應求時，Laphroaig 酒廠卻突然停止供應其原酒。為了尋找替代的酒源，Peter 買下了 Lagavulin 酒廠舊的建築物，改建為 Malt Mill 酒廠，生產與 Lagavulin 相似味道的威士忌，而後酒廠還改名

酒廠資訊

地址：Port Ellen, Isle of Islay, Isle Of Islay PA42 7DZ

電話：+44 (0) 1496 302400

網址：www.discovering-distilleries.com/lagavulin

叫 White Horse。但好景不常，1960 年 White Horse 酒廠關閉，也被改建成為現在的
Lagavulin 的遊客中心，因此在參觀時，總是能輕易的在其中發現 White Horse 品牌的
身影。

　　Lagavulin 的水源是使用酒廠後方丘陵上的 Solan Lochs 水源，水流經過豐富的泥
煤層區染成茶色，提供 Lagavulin 擁有不一樣的泥煤風味。酒廠蒸餾出來的新酒，大
多數注入波本豬頭桶熟成，其餘部分才會使用雪莉桶。目前酒廠由於儲放空間不足，
大部分的酒桶都會儲放在蘇格蘭本島上繼續熟成，大約只有 16 萬桶的威士忌儲放在
艾雷本島上，並且散佈在 Lagavulin、Port Ellen 與 Caol Ila 的酒窖中。

　　Lagavulin 的泥煤味跟其它的艾雷島威士忌不太一樣，帶有淡淡煙燻、海藻與潮
水的香氣，那種煙燻的香氣非常迷人，因為會慢慢散發出清甜太妃糖的甜香，感覺
好像是煙燻板鴨塗上淡淡的麥芽糖的香甜。這款威士忌的 12 年基本款是採用原酒強
度裝瓶，口感非常強烈有特色。如果要搭餐的話，非常適合搭配碳烤海鮮以及烤鴨。

Lagavulin 12 Years Old

香氣：輕柔使人陶醉，令人聯想到臨海的牧場，有稻草、木頭煙燻、火柴與剛出爐的麵包等；隨後展現出夏天的海岸風情，鹹鹹的海風與淡淡煙燻味。

口感：甘甜柔順，帶點檸檬味、淡淡的草本味、黑巧克力、與煙燻堅果味道。

尾韻：持久溫暖的煙燻焦油味。

C/P 值：●●●●○

價格：NT$1,000 ～ 3,000

Lagavulin 16 Years Old

香氣：直接撲鼻而來的是泥煤煙燻味，伴隨著海藻，以及淡淡的海風與麥芽香氣。

口感：口腔充滿盈輕柔的泥煤煙燻味，但同時擁有鮮明的甜味，隨之而來的是海水的鹹味，帶點橡木桶風味，讓我聯想到用核桃木燻烤的煙燻烤鴨！

尾韻：悠長的尾韻，優雅細緻的泥煤氣息，伴隨著大量海鹽及海藻的氣味。

C/P 值：●●●●○

價格：NT$1,000 ～ 3,000

Lagavulin 21 Years Old

香氣：微微的海藻氣味，有著蠟筆與松脂油的氣味，隨後的熟透水果甜香漸漸的越來越明顯，伴隨著奶油與焦糖香，最後是淡淡的煙燻泥煤味。

口感：濃郁飽滿，太妃糖的甜、暖和的木頭與堅果風味，以及更多的奶油和黑巧克力，和淡淡一抹海水的鹹味。

尾韻：複雜有深度，有火烤木片與煙燻味，以及甜美的風味收尾。

C/P 值：●●●●○

價格：NT$5,000 以上

Lagavulin 21 Years & 煙燻烤鴨

　　豐沛、甜美，清新雅緻的煙燻與泥煤香氣，很少有一支艾雷島的威士忌可以喝起來如此優雅，而又不失艾雷島的典型風味。很有趣的是這樣的味道跟台灣常見的一鴨三吃非常搭配。切片包入麵皮的部份，甜麵醬的甜味與 Lagavulin 21 年的甜味非常和諧，而微微的煙燻香氣與鴨皮的味道搭配的也非常的好；快炒的部份，香辣的醬汁又與 Lagavulin 21 年的泥煤氣息有很棒的呼應，兩者加乘起來，可是有次方以上的味覺變化！

查爾斯王子的最愛
Laphroaig
拉弗格

Laphroaig 的蓋爾語本意為「遼闊海灣的美麗窪地」。Laphroaig 成立於 1810 年，由 Brothers Alexander 與 Donald Johnston 共同創立。目前為 Beam Global Spirits & Wine 集團所擁有。這家蒸餾廠位於艾雷島的南方，威士忌風格強烈，是大多數泥煤愛好者平常品飲的必備酒款之一，並且也是艾雷島單一純麥威士忌銷售量前二名的威士忌。

Laphroaig 酒廠是少數目前保持地板發芽此一古老傳統的製作威士忌方式的蘇格蘭蒸餾廠。其中大約還有 15% 採用傳統的地板發芽的麥芽，另外 70% 的麥芽則來自於艾雷島上的烘麥廠 Port Ellen，剩下不足的 15% 麥芽則向蘇格蘭內陸的烘麥廠購買。

與 Ardbeg 酒廠一樣，遊客中心的電腦桌旁也放置了一尊酒廠養的狗的雕像，可見得艾雷島酒廠的工作人員似乎都非常喜歡狗。最有趣的當然是提供了遊客可以親自體驗傳統翻麥的工作，翻麥區旁有各式各樣的翻麥工具，導覽人員會一一解說。遊客中心非常國際化，還提供各國的小國旗，遊客可以選擇自己國家的國旗，寫上自己的名字，插在小型的

酒廠資訊

地址：Port Ellen, Isle of Islay, Argyll, PA42 7DU

電話：+44(0)1496 302418

網址：www.laphroaig.com/home.aspx

翻麥區當作到此一遊的紀念。很可惜我遍尋不著中華民國的國旗，下次要參觀這家
酒廠時，請記得帶上一支小國旗，讓遊客們都能欣賞我們美麗的國旗。

　　Laphroaig 的泥煤風味強烈，並不是一般初學愛好者所能接受的，但它卻是
英國皇室查爾斯王子最愛的威士忌之一。走進酒廠的遊客中心，你可以輕易發現
牆上有許多查爾斯王子在酒廠的活動照片。查爾斯王子只要來艾雷島一定會來訪
問 Laphroaig 酒廠，酒廠也很自豪的對外宣稱查爾斯王子最愛的艾雷島威士忌就是
Laphroaig。而且，查爾斯王子在該酒廠裡可是儲存了不少珍貴的酒桶。Laphroaig 的
泥煤到底有多強勁呢？曾經有個笑話是：黛
安娜王妃與查爾斯王子為何會離婚？因為
查爾斯王子睡前都要來上一杯 Laphroaig 威
士忌，黛安娜王妃受不了那種強勁的泥煤土
味，所以才跟查爾斯王子離婚。這雖然是
個笑話，倒也貼切真實的反應出 Laphroaig
的泥煤風味有多強勁！

　　Laphroaig 10 年基本款是我喝過感覺最
像台灣藥局販售正露丸味道的威士忌。記
得在英國留學時第一次喝到它時，心裡把
查爾斯王子咒罵了上百遍，初次接觸艾雷
島威士忌的人，要品嚐這款酒可要有喝正
露丸水的心理準備！但是那嗆烈的濃濃泥
煤嗆辣，搭配雪莉桶甜甜的木香與水果香
甜，真的是讓人永遠無法忘懷這獨一無二
的圓潤厚實口感與嗆甜風味。

Laphroaig 10 Years Old

香氣： 濃厚的煙燻泥煤、 海藻、麥芽的香氣與淡淡的橡木香氣。你能感受到些微的海風香氣。就像在海邊吃正露丸的感覺。

口感： 艾雷島特有的煙燻泥煤味、明顯的海水鹹味、末段出現些許麥芽甜味、令人印象深刻的滋味。

尾韻： 渾厚悠長，正露丸的藥味一直在我的口中。

C/P 值： ●●●○○

價格： NT$1,000 ～ 3,000

Laphroaig 18 Years Old

香氣： 太妃糖的甜蜜與細緻的酚類香氣和水果味產生柔順的平衡。帶有海草和海水的鹹味，以及淡淡的乾草與泥煤味。

口感： 剛入口感受到的煙燻橡木風味。溫暖的泥煤味充塞口腔，黑巧克力與濃厚的太妃糖味道在此發揮了巧妙的平衡效果。

尾韻： 悠長並帶著豐厚油滑的圓潤感。

C/P 值： ●●●○○

價格： NT$3,000 ～ 5,000

Laphroaig 25 Years Old

香氣： 最初擁有雪莉桶香氣，接著為煙燻泥煤味，隨之而來的是平順的熟透的水果香，以及些許的藻鹽味。

口感： 泥煤味溫柔圓潤的在口中散發出來，並且帶有雪莉酒的香甜味，接著慢慢的發展成水果與橡木的味道。

尾韻： 尾韻稍微短了點，但我很喜歡老艾雷島酒那種圓潤泥煤味道在口中盤旋不停的口感。

C/P 值： ●●○○○

價格： NT$5,000 以上

威士忌界的梵谷
Port Ellen
波特艾倫

　　成立於 1825 年的 Port Ellen 酒廠有著如同藝術家般的際遇。1836 年接手經營的 John Ramsay 首先以單一純麥裝瓶行銷到美國，獲得非常大的迴響。隨著禁酒令與市場的衰退，1930 年起 Port Ellen 休廠了 30 餘年，直至 1966 年因為市場需求，Diageo（帝亞吉歐）集團將其從原本的 2 座蒸餾器擴增為 4 座， 1967 年投入生產。基於集團經營的考量與規劃，Diageo 分配旗下三家艾雷島酒廠各自專屬的領域：Lagavulin 是集團的標籤和形象；Caol Ila 自 1972 年大規模的增加其產能，使其成為提供集團最大量產原酒的酒廠；於 Port Ellen 設置大型發麥機供應旗下艾雷島上三間蒸餾廠的麥芽需求。1980 年全球經濟大蕭條時，考量這三家酒廠的特性與重要性，Port Ellen 再度被迫於 1983 年關閉酒廠。Diageo 將其轉型為專業的烘麥工廠，扮演了另一個重要角色。艾雷島所需的所有含有泥煤的大麥，幾乎都是跟 Port Ellen 購買，就連使用地板發芽的 Bowmore 也不例外。

　　Port Ellen 的威士忌擁有馥郁的油脂和溫潤順口的煙燻口感，沒有一般艾雷島的刺鼻與不舒服，酒色屬清淡，蘊陳多年後依舊保持其獨特的細緻和平衡。2001 年 Diageo 將 Port Ellen 22 年陳年原桶酒裝瓶銷售，吸引了大批威士忌迷的目光。同年，1979 年裝桶的原酒也相繼面市，從此之後艾雷島威士忌迷們瘋狂的著迷於 Port Ellen 的裝瓶原桶酒系列，對於

酒廠資訊
已關場

限量第 1 版到第 12 版，皆給予非常高的評價，價格也不斷的高漲。如同許多藝術家般，總是要離世了，其作品才真正為世人們關注，而 Port Ellen 更像梵谷，在關廠許多年後推出的限量威士忌，才被大家肯定其價值與賦予最高的評價。

推薦單品

Port Ellen 32 Years Old 1979

香氣：平易近人的香氣表現，從細緻的煙燻芳香、石楠蜂蜜，到濃密奶香焦糖，滿滿的頭煙燻香，帶出麥糖和柑橘香。稀釋後的煙燻味變得更持久，多點油脂味、熱帶水果和奶油香。

口感：甜與酸的奇妙同時非常可口的組合，甜美的水果煙燻味、苦味巧克力、迷人細緻的煙燻味；適合純飲，但是稀釋後會增添些許的海洋風味。

尾韻：表現滿集中的，如絲的單寧味，持久的煤炭煙燻味；稀釋後則是馥郁甜美，加上適度的煙燻味做結尾。

C/P 值：●●●●●

價格：NT$5,000 以上

品酒筆記

高地區的地理範圍為蘇格蘭最大的一區。屬於蘇格蘭多山多丘的地帶，地形起伏較為劇烈，氣候也較嚴峻不穩定。此區所產的威士忌風味和形象相對的較強烈和突出。由於高地區的範圍極廣，許多威士忌評鑑師又將高地區細分為北高地、南高地、東高地、西高地等區域。概略來說，北高地的蒸餾廠多緊鄰於海，特色是有明顯的海風風味，屬中度酒體有層次感的淡雅風味。南高地的酒質普遍清淡且較其它高地區甘甜，擁有花香與辛辣的香氣味。東高地的地形與氣候適合種植大麥，所以威士忌特色為麥芽香甜味、些許的煙燻味、太妃糖般香甜、淡淡的柑橘，以及辛香料味。西高地區的威士忌酒體普遍輕淡，有著些許的泥煤煙燻味，以及合成樹脂的氣味。

第1章 蘇格蘭

1-2 高地區 Highland

Dewar's 威士忌的故鄉
Aberfeldy
艾柏迪

　　Aberfeldy 酒廠於 1896 年由 John Dewar & Sons 所建立，同名的小鎮正巧位於柏斯郡地區歷史與地理的中心，酒廠位於蘇格蘭最長、水量最豐沛的 River Tay 旁。酒廠不遠處的 Loch Tay 景色優美，是伯斯郡最大的湖，它的水源來自 Pitilie Burn 河。Aberfeldy 的蓋爾語是「水神之池」的意思，象徵 Pitilie Burn 泉水的珍貴與清澈。也由於水源與附近天然環境資源的優勢，酒體有著清甜與果香味。

　　酒廠成立之初，就是設定專門作為 Dewar's 調和式威士忌的主要基酒。Dewar's 使用大麥、酵母和 Pitilie Burn 泉水釀造，在蘇格蘭橡木桶中成熟及裝瓶。Dewar's 帝王酒釀的第一位首席調酒師還發明了「二次陳釀法」（Double Age），將來自蘇格蘭不同區域的威士忌，經過調酒師的技術混合調配後，存放於陳年橡木桶中一段時間，以創造柔順圓滑的口感。而 Dewar's 威士忌是全世界銷量排名第 7 的威士忌，還曾經締造出許多年全美國銷售第一。

　　Aberfeldy 酒廠出的單一純麥威士忌非常的少，可說是 Dewar's 的心

酒廠資訊

地址：Aberlfeldy, Perthshire PH15 2EB

電話：+44 (0)1887 822010

網址：www.dewars.com/lda

臟，造訪酒廠的時候，幾乎如造訪 Dewar's 的品牌與酒廠般，其仿真的博物館、歷史介紹、以及調和式威士忌的製造過程等都很清楚。

推薦單品

Aberfeldy 12 Years Old

香氣：芬芳的柑橘、淡雅的煙燻氣味、麥芽甜香與熟透的葡萄香氣。

口感：淡淡的油脂味、多變多元的水果風味，你能明顯感覺到柑橘、葡萄、香瓜與細緻的櫻桃味道。口感有活力、清新充滿風味。

尾韻：綿長持久的水果風味糖果 。

C/P 值：●●●○○

價格：NT$1,000 ～ 3,000

Aberfeldy 21 Years Old

香氣：蜂蜜、水果的香氣使濃厚的麥芽香增添些活力。細緻的草香、橡木桶的香氣與清淡的花香，是一款香氣變化分明的酒款。

口感：柔順圓潤。香草，柑橘、鳳梨與西洋梨的味道，搭配細緻橡木煙燻風味。

尾韻：圓潤悠長，成熟白桃與蜂蜜的風味緩緩的消散淡去。

C/P 值：●●●○○

價格：NT$3,000 ～ 5,000

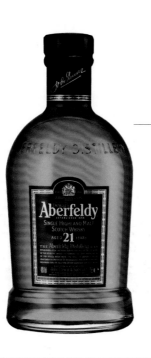

遠古尖石記載的傳奇純淨酒廠
Balblair

巴布萊爾

Balblair 由 John Ross 創立於 1790 年，為蘇格蘭當今最古老的酒廠之一。酒廠座落於山明水秀、還沒有過度開發的自然環境裡。 所處的地理位置在美麗的 Cambuscurrie 海灣 Dornoach 河港裡，蒸餾廠完美的融入當地的鄉村景致，於是 Balblair 和 Speyburn 同時號稱是蘇格蘭高地景色最美的兩家酒廠。因為地處偏遠而寧靜，擁有蘇格蘭當地數一數二的潔淨空氣和水質，直到今日，Balblair 酒廠依舊使用山丘上蜿蜒而下的純淨水源來製作單一純麥威士忌。

酒廠附近有一座大約 10 英呎高的尖石 Clach Biorach，是 4,000 多年前由遠古的蘇格蘭民族 Picts 所豎立，研究顯示這些尖石群在當時是神聖的象徵、記錄四季更迭，以及標示古代曆法中重要節日等多種意義。Balblair 將這個特殊的遠古遺物和尖石上面的特殊圖騰，作為他們所生產的單一純麥威士忌瓶身和包裝設計的靈感來源。

酒廠現今的建築物，為 Alenander Cowan 於 1895 年所改建。Alenander Cowan 在 1894 年從 Ross 家族手中接下酒廠的經營權，並將酒

酒廠資訊

地址：Edderton, Tain, Ross-shire, IV19 1LB

電話：+44 (0)1862 821273

網址：www.balblair.com

廠遷移到鐵道旁重建。緊鄰鐵道運輸之便利，1915 至 1947 年間，兩次的世界大戰除了使酒廠一度被迫關閉 30 餘年之外，期間酒廠的廠房亦曾被軍方短暫徵用。戰後 1948 年，經營權轉手到 Robert Cumming 手中，1964 年更新酒廠設備，將炭火直接加熱改成現代化的蒸氣加熱。同時增加設備提升產量，只是當時所生產的單一純麥威士忌，除了極少量以單一純麥威士忌的型態裝瓶，主要還是供作調和威士忌當基酒使用。

　　1996 年 Inver House Distillers 買下酒廠，開始專注於單一純麥威士忌的生產及裝瓶，不再供應原酒給其它酒廠製作調和威士忌，維持傳統使用奧勒岡松木發酵槽。酒廠經理 John MacDonald 甚至還在 2007 年用了整整一年的時間，在 1,673 桶庫藏中精心挑選了 38 桶、以全新的包裝和瓶身設計上市。從此，特定年份 Vintage 限量裝瓶成了 Balblair 的新方向，每一款年份都是限量的。

Balblair 2000 Vintage

香氣：西洋梨、鳳梨、青蘋果、蜂蜜和香草香氣交互呈現，
我特別喜歡它的麥芽香，非常細緻！

口感：厚重中帶有輕柔。蜂蜜的甜味，然後花香、豐富的
西洋梨和辛香料逐漸增加。

尾韻：柔順持久，細緻的麥芽香甜味很棒。

C/P 值：●●●○○

價格：NT$1,000～3,000

Balblair 1997 Vintage

香氣：杏仁、堅果、辛香料與麥芽的香氣伴隨著細緻的橡
木的香氣。

口感：滑順般的口感，開始有橡木味道、葡萄乾、香料然
後香草味逐漸增加。

尾韻：可惜尾韻稍短。

C/P 值：●●●○○

價格：NT$1,000～3,000

打破蘇格蘭威士忌產業傳統的酒廠
Ben Nevis
本尼維斯

　　Ben Nevis 於 1825 年由 John Maconald 建立，位於蘇格蘭西岸、大不列顛的最高山 Ben Nevis 腳下。水源來自於山上的兩個湖，由於水源經過天然泥炭沼澤地，帶來了些微的泥炭氣味；酒廠擁有兩對蒸餾器、年產量約 200 萬公升。酒廠距離 Oban 蒸餾廠很近，通常來到這裡也會一起造訪 Oban。

　　1955 年，Maconald 將酒廠賣給了 Joseph Hobbs，新主人替酒廠新增了一台自動化的穀類蒸餾器後，Ben Nevis 曾經有段時間成為第一家同時可以蒸餾麥芽威士忌與穀物威士忌的酒廠。之後幾經易主、酒廠功能也只留下蒸餾麥芽威士忌為主。1986 年曾經關廠，直到 1989 年被日本余市威士忌所屬集團 Nikka Distillery 收購，成為少數日本公司擁有的蘇格蘭酒廠後，才在 1991 年繼續生產。

　　Nikka 入主後翻新酒廠、整頓並開放旅客中心、對蒸餾器也做了一些改良，讓酒體呈現較重與豐潤的口味，例如 10 年的單一純麥威士忌麥芽味豐富、強調橡木與泥炭的平衡。不過，除了改良風味之外，Nikka 對於

酒廠資訊

地址：Loch Bridge, Fort William PH33 6TJ

電話：+44 (0)1397 702476

網址：www.bennevisdistillery.com

酒廠規劃與風格卻令我有點驚訝，不像一般日商併購酒廠之後會呈現的乾淨整齊風格，如 Suntory（三得利）集團旗下的 Auchentoshan，反倒像是有些舊舊髒髒的大型工廠；再加上他們單一純麥威士忌產量產量不多，在市面上較少見，也不如 Suntory 集團下的另一間威士忌酒廠 Bowmore 有著細心的規劃跟市場行銷。

由於實在太不像日本公司的風格，我基於好奇小小研究了一下發現，Ben Nevis 在 1980 年後期被 Nikka 併購後，一直持續穩定的生產威士忌，還內部改良了酒廠的木材政策，讓他們有足夠的能力將現有的木桶轉移到新鮮的雪莉酒和波本酒，這個新的木材政策讓酒廠的經營與木桶狀況穩定，也有了新的方向。

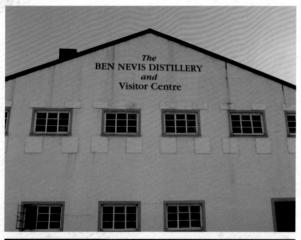

推薦單品

Ben Nevis 10 Years Old

香氣：柑橘、西洋梨、青蘋果、黑巧克力與西洋杉的香氣細緻平衡的融合在一起。

口感：油脂、蜜糖、太妃糖，以及柑橘味道非常鮮明。還有一種像核桃蛋糕的味道。

尾韻：稍嫌不足，但有一股淡淡的古巴雪茄味緩緩冒出。

C/P 值：●●○○○

價格：NT$1,000 ～ 3,000

Ben Nevis 14 Years Old

香氣：肉桂、橡木和明顯的雪莉影響的風味，烤雞肉、蜜糖黑棗，以及些許的甘草香。

口感：圓滿滑順，令人驚艷的甜美，有乾黃葡萄乾、李子和苦味巧克力。

尾韻：持久帶有苦澀辛辣的巧克力味。

C/P 值：●●●○○

價格：NT$1,000 ～ 3,000

海獺酒廠
Blair Athol
布萊爾阿蘇

Blair Athol 於 1798 年由 John Stewart & Robert Roberson 成立，是蘇格蘭最古老的釀酒廠之一。原名叫做 Aldour 蒸餾廠，1825 年，Robert Roberson 擴建酒廠，正式更名為 Blair Athol 。酒廠位在 Pitlochry 的小鎮中心，是個精巧但完備的酒廠。該酒廠隸屬於 Diageo（帝亞吉歐）集團，目前九成波本桶主要作為釀造 Bell's 威士忌和集團內其它品牌的基酒，年產量 250 萬公升。遊客中心早在 1987 年便已經成立，90 年代時期，因為提供免費參觀每年吸引了 10 萬人次，直至今日每年付費參加全程酒廠行程的遊客仍達 4 萬人。

在酒廠同區域有一個宏偉的城堡叫做 Blair Castle，城堡非常漂亮、也對外開放參觀，建議如果要去參觀 Blair Athol 酒廠，可以去這走走。

這座城堡有著其獨特的地位，它是全英國除了國家擁有的軍隊之外，唯一可以擁有自己的軍隊的領地，也是頒發「The Keepers of The Quaich」（蘇格蘭雙耳小酒杯執持終身會員）的所在地。我第二次去參觀這家酒廠，主要目的是去獲頒這個身份，目前全世界身為蘇格蘭雙耳小酒杯執持終身會員的人數只有 1,600 人左右，獲獎條件是對蘇格蘭威士忌產業有卓著的貢獻長達 5 年以上，並得到兩位會員的推薦以及評審團

酒廠資訊

地址： Perth Rd, Pitlochry, Perthshire PH16 5LY

電話：+44 1796 482003

的審核，才有資格獲頒。

Blair Athol 很少出產單一純麥威士忌，獨立裝瓶也非常稀少，最近的酒款是 Cadenhead 精選的 1989。值得一提的是，他們在 1992 年被 United Distillers 集團、也就是現今的 Diageo（帝亞吉歐）集團推出的 Flora&Fauna 特有動物系列酒款納入。那一系列是精選 26 種不同的蘇格蘭單一純麥威士忌，在 700 毫升瓶、濃度 43％的範圍內依照各酒廠不同的特性與特色選出，凸顯蘇格蘭威士忌的多樣性，現在在市場上也很稀有。

註：Flora & Fauna 系列包含：

Aberfeldy, Auchroisk, Aultmore, Balmenach, Benrinnes, Bladnoch, Blair Athol, Royal Brackla, Coal Ila, Clynelish, Craigellachie, Dailuaine, Dufftown, Glendullan, Glen Elgin, Glenlossie, Glen Spey, Inchgower, Linkwood, Mannochmore, Mortlach, Pittyvaich, Rosebank, Teaninich, Speyburn, Strathmill.

推薦單品

Blair Athol 12 Years Old

香氣：奶油、堅果和淡淡的煙燻香氣。細緻的蜂蜜香氣與橡木桶的香氣完美結合在一起。

口感：酒體飽滿，有香料蛋糕、糖漬檸檬皮，有很多豐富的風味表現。

尾韻：稍嫌不足，煙燻、蜜糖味，甜與不甜的風味之間有著完美的平衡。

C/P 值：●●●○○

價格：NT$1,000 ～ 3,000

Blair Athol Limited Edition

香氣：很明顯的手工橘子果醬混合金黃糖漿的香氣，還有椰子與木削的香氣。稀釋後香氣由牛軋糖主導，以及少許的蜜糖、蘋果和麥芽土司。

口感：跟香氣表現差不多，多了點茉莉花、紫丁香、堅果和葡萄乾的風味。

尾韻：悠長，辛辣且簡單乾淨。

C/P 值：●●●●○

價格：NT$5,000 以上

經典雙子星酒廠的傳承與風華
Brora & Clynelish
布朗拉 & 克萊力士

　　2002 年，Brora 30 年限量系列單一純麥威士忌第一次面市，造成威士忌界一片驚豔與讚嘆，之後每次推出的 30 年版本也都獲獎頻頻與造成威士忌迷的瘋狂。除了口味令人讚不絕口之外，另外重要的原因是每一支酒都是限定版並都加以編號，極度珍貴。

　　而 Brora 這品牌有一個曲折的歷史、這段歷史同時也讓我們更珍惜這已經絕版的陳年老釀。

　　1819 年，蘇格蘭 Sutherland 公爵在北高地布格拉海峽以北成立了 Clynelish 酒廠，目的是讓領土裡因畜牧業發達而失業的佃農們有工作可做，在附近種植大麥解決民生問題、同時生產威士忌。1827 年，承租人 James Harper 拿到正式生產執照，之後幾經易主也經過整頓與更換設備，直至 1916 年 John Walk & Son 接手後酒廠狀況成長穩定，生產品質良好的威士忌。1925 年被轉入 Scottish Malts Distillers Ltd. 集團，二戰期間酒廠一度關閉，但由於酒廠的優越表現，1966 年，集團決定大刀闊斧在旁邊以同樣的蒸餾模式蓋一個新的酒廠、並大手筆的配置全新 6 支蒸餾器，取原名「Clynelish」，打算直接完全取代原址的酒廠。此集團現已經併購成為 Diageo（帝亞吉歐）集團。

酒廠資訊
地址：Clynelish Rd, Brora, Highlands and Islands KW9 6LR
電話：+44 (0)1408 623000

新任「Clynelish」1967 年落成，舊任「Clynelish」於 1968 年在同步生產運轉了近一年後確認關廠，並將這重責大任移交給新任延續。怎知道此時適逢艾雷島旱災降臨，集團內位處艾雷島的酒廠無法即時生產具有泥煤味的原酒、提供其金雞母 Johnnie Walker 製作調和威士忌。此時，已退休的舊任「Clynelish」於 1969 年又重新披上戰袍，專門負責生產海島味的重度泥煤味的單一純麥威士忌。依據蘇格蘭法律，兩個或兩個以上的酒廠不可以使用同一個名稱，於是舊任「Clynelish」此時更名為「Brora」。

Brora 的蓋爾語是「橫跨河流的橋」，1969 年到 1973 年因應需求釀造了特殊重泥煤風味的威士忌，原本酒廠就有著強壯的酒體和飽滿的香氣，再加上泥煤味提升層次，絕佳的品質拯救了全集團的燃眉之急。1973 年之後，Brora 漸漸不再生產泥煤風味的威士忌、在 1983 年正式關廠不再運作，結束了這次復出的任務。於是 Brora 這個名號只出現短短的 14 年，也幾乎沒有單一純麥威士忌面世。然而數十年後，集團開始將 Brora 過去的存酒以單一純麥威士忌的方式上市，每一款都獲得壓倒性的好評。2002 年開始推出的 30 年限量系列每一款都不到 3 千瓶，這些罕見且特殊的泥煤風味都獲得全球威士忌達人的一致好評且爭相珍藏，同時也是 Diageo 精選 Classic Malts 一員。

新任 Clynelish 酒廠自接任以來一直適切扮演著 Johnnie Walker 調和酒的主要供

應者，其中陳年 18 年的年份，就是 Johnnie Walker Green Label 的重要原酒，極度受到全世界的歡迎。酒廠年產量 420 萬公升，龐大的產量同時儲存在自己與 Brora 酒廠裡。酒體屬乾淨的高地風味，2002 年 Clynelish 以 14 年的酒款首次以單一純麥威士忌面市、2006 年又出了一款 Oloroso 雪莉桶的限量款，花香與濃郁飽滿的雪莉桶風味受到市場的喜愛。傳承的新任 Clynelish 也如同 Brora 列入 Classic Malts。

兩家廠址鄰近，也都使用同樣水源，位置距離 Glenmorangie 很近，雖然 Brora 已經關廠，但是舊址還是維持、蒸餾器也沒有拔掉，還可以看到當初冷凝的蟲桶。在我參訪 Clynelish 的遊客中心時，竟然遇到了從前在 Royal Lochnagar 見過的一個可愛女生，當年她還是一個酒廠打工小妹，沒想到三年後，已經在這裡當經理了！

推薦單品

Brora 30 Years Old 55.7%

香氣： 直率結實的香氣表現，有麝香、酸酸羊脂香氣，以及煙燻、雪茄外葉與溼皮革的氣味。

口感： 口感厚實，煙燻風味馬上爆發出來，接著是煤炭與少許的焦烤餅乾，稍待後是木頭的辛香，微微的鹹味，濃郁且強勁。

尾韻： 油脂感、綿長持久且飽滿。

C/P 值： ●●●●○

價格： NT$5,000 以上

Brora 35 Years Old 48.1%

香氣： 像是載滿煤炭的卡車呼嘯而過，接下來是檸檬、蜂蜜、堅果、和奶油糖，之後當然酒廠的特色蠟味，還有燕麥片和酸麵團的氣味。

口感： 適合純飲，蠟的質地覆滿嘴中，有熱帶水果、乾果皮，如薑般的辛辣溫暖感。尾段是綠色水果和麥芽蜂蜜間的和諧拉鋸戰。是一款讓人會回味再三的酒款。

尾韻： 持久、溫暖且順口，微微的杉木和辛辣感，先甜後甘，加水後整體表現更加平衡。

C/P 值： ●●●●●

價格： NT$5,000 以上

全球最貴威士忌記錄保持
Dalmore
大摩

Dalmore 是一半蓋爾語與一半挪威語的組成，意思為「遼闊草原」。酒廠自 1839 年起便開始生產單一純麥威士忌，以皇家雄鹿的鹿角為標誌，這也是最早的創辦人 Alexander Matheson 家族的家徽。1996 年進入 Whyte & Mackay 集團，平均每年生產 420 萬公升的原酒。

酒廠位於蘇格蘭高地北部海岸 Kildermorie 湖邊，擁有清澈優質的水源優勢與其它自然資源。大麥的來源來自於酒廠不遠處的 Ross-shire，由黑島豐富的沿海肥沃土壤養成，提供大麥極佳的生長環境。酒廠面向海邊，倉庫長年受海風吹拂因而提供了熟成的條件。最後，Dalmore 還有一項很厲害的技術，能非常純熟的發揮釀造單一純麥所需要的酵母，利用其製造出非常純淨的原酒。

酒廠的蒸餾器長得很不一樣，很像是在蒸餾器外加了一個防護罩，詢問廠長後得知，這個防護罩裡面裝滿了水，目的是可以快速凝結蒸氣，萃取出比較重的口味，這也成為酒廠的特點，製造出來的酒體厚重、也呈現甜與豐裕的特質。很用功參觀的我沒多久又看到了一組蒸餾器，跟

酒廠資訊

地址：Dalmore, Alness, Highlands and Islands IV17 OUT

電話：+44 (0)1349 882362

網址：www.thedalmore.com

其它組大小不一樣,於是也認真的詢問廠長為何這組蒸餾器比其它矮許多的原因,結果他們竟回答:「那是因為那邊的屋頂比較矮……」

Dalmore12 年這隻核心酒結合了一半波本桶與一半雪莉桶,15 年、Gran Reserva 和 2009 年出產的 18 年非常受大家歡迎。近幾年在首席調酒師 Richard Patterson 的策略下,陸續上市一些高年份與高單價的威士忌、造成了威士忌迷的收藏熱潮,有些可以在機場免稅商店買到。像是 2008 年出產的 1263 King Alexander III、Vintage 1974,2009 年非常稀有的 1981 Matusalem、1981 Amoroso 上市之外,還很過分的出產只有 30 瓶的 58 年年份酒、以及全球只有 12 瓶的 1951 Vintage。Dalmore 還締造出一個恐怖的紀錄,曾經在 2005 年的時候,以一款 62 年的威士忌,創下 3.2 萬英鎊,約合新台幣 210 萬元的天價,成為正式拍賣中最昂貴的威士忌。

Dalmore 12 Years Old

香氣： 青草氣味、雪莉酒桶的氣息伴隨著淡淡煙燻柑橘香氣。麥芽的甜香非常鮮明。

口感： 柑橘與黑巧克力的味道交互輝映，燻烤的麥香味非常迷人，熟成葡萄的味道也很容易嚐得到。

尾韻： 尾韻稍嫌不足，短而淺。

C/P 值： ●●●○○

價格： NT$1,000 ～ 3,000

Dalmore 1263 King Alexander III

香氣： 青草與穀物的香氣。青蘋果與柑橘香氣就像到了果園，水果熟成時的氣味，香氣非常明顯！過了一會再聞，有一股類似台灣傳統市場賣的仙草蜜的香氣，非常有趣。

口感： 柑橘、葡萄乾、烏梅味道非常容易感受得到。隨後可可、太妃糖、黑胡椒、櫻桃、蜂蜜味道陸續散發出來。

尾韻： 尾韻持久且長。

C/P 值： ●●●●○

價格： NT$5,000 以上

Scottish Leader 調和威士忌的心臟

Deanston

汀斯頓

Deanston 應該是最早的綠色環保酒廠，這裡在 17 世紀時原本是一間紡織廠，但 1799 年因一場大火之故將廠房吞蝕殆盡，工廠一度停擺；直至 1965 年，James Findlay and Co 才將此廠復興改為威士忌酒廠。從前紡紗需要大量的水，這裡最早利用水車作為動力來源，在 1920 年進而引進水力發電設備，由此可知這裡的水資源非常豐富。而當年的水力發電設備不但沿用至今，所產出的動力還賣回給國家提供附近居民使用。

參觀酒廠的時候，非常驚訝他們源自紡織廠時期就擁有自己的學校：當時廠主很罕見的設立學校、規定小孩子 14 歲之後才能去工廠工作，甚至還有自鑄錢幣，可以想像那時這間紡織廠與附近居民共依共存的狀況。現在學校依然以小學的規模運作，供員工的小孩念書，一個班只有 2 至 3 人，很像中國古時候的私塾。

酒廠製酒過程依舊維持傳統工法，以純淨 Teith 河作為水源、蘇格蘭當地大麥品種為原料，透過傳統人工製程，以及蘇格蘭少數開放式糖化槽及獨特蒸餾器，製造出來的酒體屬於清新乾淨的風格，有著麥芽香

酒廠資訊

地址：Near Doune, Perthshire FK16 6AG.

電話：+44(0)1786 843 010

網址：www.deanstonmalt.com/index.html

甜與些微香草味道。近年來酒廠開始生產單一純麥威士忌，也是同屬 Burn Stewart Distitlers（CL Financial）集團下 Tobermory 的存酒處。但是最重要的，其所生產的酒還是作為 Scottish Leader 調和威士忌的原酒心臟，這品牌創造了台灣與蘇格蘭的奇蹟，因為台灣是他們在全球銷量最好的區域！

推薦單品

Deanston 12 Years Old

香氣：蘭姆酒、葡萄乾、香草奶油與些許清新草藥香氣，接著有一股像麥當勞蘋果派的香氣。

口感：柔軟溫和，帶有麥芽香甜的特質，具有如奶油般的清香，伴隨著些許的木質香料味，隨後你能感受到肉桂和青草味道。

尾韻：中短，甜杏仁的味道特別鮮明。

C/P 值：●●●○○

價格：NT$1,000 ～ 3,000

Deanston Virgin Oak

香氣：像是梅雨季節空中充滿的潮濕氣息，突如其來的清新木質與柑橘皮香氣帶來清爽的感受，細細地聞香你能發現細微的橘子果醬和焦糖的氣味。

口感：糖霜蛋糕、奶油與剛出爐的麵包香氣，熱帶水果風味也隨後展現，芒果、百香果帶有一點點薄荷的清涼口感。

尾韻：中短，有股清新的草香。

C/P 值：●●●○○

價格：NT$1,000 ～ 3,000

Edradour

艾德多爾

Edradour 的蓋爾語意思就是「國王的小河」。建立於 1825 年，位於東高地的 Perthshire，是少數蘇格蘭單一家族所擁有的酒廠，同時也是全蘇格蘭最小的酒廠。酒廠雖小可是卻很忙碌，雖然每年產量只有 90 萬公升，由於酒廠距離愛丁堡與格拉斯哥都很近，開車只要半小時的車程，所以每年卻吸引了 10 萬人次的觀光客。近年來中國觀光客增加，許多觀光巴士進出參觀，以高地蒸餾廠來說，這裡的觀光客人次可以排進前幾名！

家族老闆 Signatory Vintage Scotch Whisky Co. Ltd. 公司同時擁有一家獨立裝瓶廠，2007 年從愛丁堡搬到酒廠附近，現在有兩條生產線在運作，主要以原桶單一純麥為主，但是產量卻不大。

酒廠位在一條小溪旁，風景優美搭配小橋流水，而裡面的蒸餾器尺寸非常小，只有一般大型蒸餾廠的 1/4，容量只有 4,000 公升，每個星期的產量只有 12 桶，威士忌的製作程序仍保持 150 年前的作法，大部份的設備及工具都還是木製的，也持續使用傳統的蟲桶方式冷凝。來訪的觀

酒廠資訊

地址：Pitlochry, Perthshire PH16 5JP

電話：+44 (0)1796 472095

網址：www.edradour.com

光客可以清楚了解酒廠內威士忌的製作，號稱是「最後一個農莊式的蒸餾廠」。

雖位處高地，但卻比較偏向斯佩賽區的果香甜味，迷你尺寸的蒸餾器讓酒體較為厚重，所有的產出都用作單一純麥威士忌裝瓶，以 10 年為主要商品。雖保有傳統的製作過程與工具設備，在換桶方面卻有著非常創新且有趣的作風。酒廠開發了一系列的原酒系列，標榜使用不同的木桶熟成，還運用了許多紅酒桶，像是 Sassicaia、Sauternes、Moscatel、Madeira 和蘭姆酒桶等多樣不同的酒桶最後熟成，2009 年推出「Straight From The Cask Chateau Neuf du Pape 12 年份」，標榜教皇新堡紅酒桶熟成的威士忌。因為產量少，價格相對比其它同年份的威士忌昂貴，儘管如此，在市面上還是不容易見到。

推薦單品

Edradour Signatory Straight from the Cask Edradour 11 Years Old, Madeira Finish

香氣：細緻的花香、青草香、葡萄乾和太妃糖的香氣。

口感：圓潤厚實，奶油蛋糕、葡萄乾和糖霜櫻桃。

尾韻：淡淡的一股肉味，像是烤蜜汁火腿的風味。

C/P 值：●●○○○

價格：NT$1,000 ～ 3,000

Edradour Signatory Straight from the Cask Edradour 11 Years Old, Burgundy Finish

香氣：酸味、桃子口味的空氣清靜劑與很重的蛋糕味，有點像是基本的四格蛋糕試圖要妝點成法式精緻糕點般。

口感：相當的甜，充滿糖味，沒有其它特色；不過還是比香氣表現來得好。

尾韻：剛好合格！

C/P 值：●●○○○

價格：NT$1,000 ～ 3,000

浴火重生的獨角獸
Fettercairn
費特凱恩

　　Fettercairn 酒廠位於東高地靠近 North Esk 山谷的 Fettercairn 村，由 Alexander Ramsay 創建於 1824 年。這家酒廠的命運非常的坎坷，於 1887 年一場大火後休廠、1890 年重新啟動營運，在 19 世紀時期換了相當多的老闆，甚至中間沉寂了十餘年，直到後來隸屬 Whyte & Mackay Ltd 集團至今，成為該集團旗下 4 家生產單一純麥威士忌的酒廠之一。產出的威士忌也在 2002 年換了新的瓶身、包裝以及將名稱從「Old Fettercairn」改成「Fettercairn 1824」。

　　如同許多高地蒸餾廠，Fettercairn 在被併入集團之後的角色是作為集團裡調和式威士忌基酒為主，很少產出單一純麥威士忌。酒廠水源來自於 Cairngorm Mountain 的山泉水，加上東高地原本就是大麥的產地等條件，酒體麥芽香氣濃郁、帶有一些青草味。

　　酒廠周遭環境清幽，特色是酒廠裡的一大面牆上刻劃了一隻美麗又優雅獨角獸，那面牆是每一個遊客到訪必定要拍照的重點區域。遊客中心早在 1989 年就成立，特別準備了兩桶 15 年的單一純麥酒，提供到訪的遊客可以裝瓶屬於自己的 Fettercairn 威士忌。

酒廠資訊

地址：Distillery Road, Fettercairn, Kincardineshire, AB30

電話：+44 (0)1561 340 205

網址：www.scotlandwhisky.com/distilleries/highlands/
Fettercairn

推薦單品

Fettercarin 12 Years

香氣：細緻的草香、柑橘、太妃糖與綜合堅果的香氣，並帶有淡淡大麥田的香氣。

口感：口感圓潤，西洋梨、桃子、梨子與麥芽的香甜味。

尾韻：很可惜偏短。

C/P 值：●●●○○

價格：NT$1,000 ～ 3,000

曾被譽「當代最精緻的威士忌」
Glen Garioch
格蘭蓋瑞

　　Garioch 在蓋爾語中的意思為「一片廣闊肥沃的土地」，因為麥穀農作物品質優異而聞名超過一千年的歷史，加上有清淨的天然泉水配合，創造出清純細緻的威士忌風格。這間酒廠是在 1797 年由 John Manson & Company 創立，距今已有 200 多年歷史，但有另外一種說法，這家公司只是買下 Glen Garioch，酒廠的前身可能為 Meldrum Distillery，但目前沒有確切的考證，如果屬實，這會讓 Glen Garioch 成為目前還在營運的最老酒廠。

　　這是一間小巧的酒廠，舊製桶場在 2006 年 10 月改建成遊客中心並開放營運。雖然員工不到十個人，但它也曾擁有輝煌的歷史。Glen Garioch 在 1980 年代曾是當時 100 桶完美混合比例威士忌之一，並被 *The war office time* 和 *Naval Review* 兩本雜誌譽為當代最精緻的威士忌。後來 William Sanderson 購入了 Glen Garioch 酒廠。1930 年碰到經濟大蕭條時代，使得公司營運困難，1937 年 Distillers Company 加入 Glen Garioch 酒廠之後，1939 年第二次世界大戰爆發期間所有生產也被迫停止，直到 60

酒廠資訊

地址：Distillery Road, Oldmeldrum, Aberdeenshire, AB51 0ES.

電話：+44 (0)1651 873450

網址：www.glengarioch.com

年代才恢復生產。不過也因為政府定量配給大麥與其它限制,在當時產量也十分稀少。

　　William Sanderson 的兒子 William Mark 很快地將產品打入海外市場,澳洲、瑞士、德國、比利時、美國、丹麥等國都有非常大的出口量。但後來酒廠附近的水源地枯竭,Glen Garioch 再度被迫關閉酒廠。1970 年由 Bowmore Distilery 購入酒廠,於 1972 年發現了新的水源地,重新開始回復生產。90 年代日本 Suntory(三得利)集團接手酒廠之後於 1997 年重新量產,改變製酒方式,停止煙燻過程,將 Glen Garioch 改造成風格偏向清新細膩的風格。2010 年更重新設計包裝、全系列產品改採非冷凝過濾,精選其酒體結構,限量商品皆為原桶酒。此時的 Glen Garioch 已經完全蛻變成一家新的酒廠,和之前的風味完全不同。我曾有機會試過 1970 年到 1980 年的年份酒,有很棒的泥煤風味在裡面,但是在 1980 年後生產的酒直至今日,泥煤味似乎已經受到製酒方式的改變而消失了。

推薦單品

Glen Garioch 12 Years Old

香氣： 石楠花香氣、清新的西洋梨味，還加上淡淡的麥芽甜香。是一款香氣很細緻的酒款。

口感： 有焦糖烤布蕾與香甜熟透的香蕉味道，還有淡淡橡木與西洋梨的味道。

尾韻： 中長，淡淡的木桶與香草麥芽的味道會緩緩從口腔散發出來。

C/P 值： ●●●○○

價格： NT$1,000 ～ 3,000

Glen Garioch 1995 Vintage

香氣： 細緻的橡木桶香氣、黑砂糖與咖啡的香氣非常融合，隨後則散發出絲滑的奶油氣息、柑橘與香草的香氣。

口感： 像一杯用重烘培咖啡豆的焦糖瑪奇朵。隨後，淡淡的香草奶油與柑橘味道緩緩地散發出來。淡淡的煙燻泥煤味道很細緻。

尾韻： 悠長細緻，細緻的泥煤香氣持久悠長。

C/P 值： ●●●●○

價格： NT$1,000 ～ 3,000

特別為亞洲人出品的威士忌 Singleton

Glen Ord

格蘭奧德

Glen Ord 酒廠建立於 1838 年，創建人為 Robert Johnstone 和 Donald McLennan， 1860 年 Alexander McLennan 接管酒廠，幾經轉手，現在隸屬於 Diageo（帝亞吉歐）集團旗下。

Glen Ord 的大麥跟 Dalmore 一樣來自於黑島，這是突出於 Moray 灣的一個半島，土地相當肥沃，因此酒廠出產的威士忌麥芽的香氣與甜味都相當特殊。而他們用來釀造威士忌的水源也很有來頭，遊歷了兩個湖與一個瀑布的路程，最後連接至離酒廠六哩遠的白溪，所以 Glen Ord 出產的酒帶有多重不同的風味，也造就了 Singleton 微妙的多重口感。

1970 年的時候酒廠就以 Singleton 之名出產過單一純麥威士忌。2006年 Singleton 正式登錄台灣，而且為了配合台灣市場的口味，原廠將波本桶與雪莉桶的比例調成為各半，以口感平衡為主要訴求，成功打開了市場，因此可說這是特別為亞洲人口味所出品的蘇格蘭單一純麥威士忌。

據 Singleton 酒廠人員表示，Singleton 會作這樣的調整，主要是因為早期台灣的酒迷習慣喝干邑白蘭地，喜歡偏甜的口感，因此加重雪莉桶

酒廠資訊

地址：Muir of Ord Ross-shire IV6 7UJ

電話：+44(0)1463 872004

網址：www.discovering-distilleries.com/glenord

的比例除了可以讓酒中的水果香氣與焦糖甜味
更加明顯且迷人外,也更容易讓台灣的酒迷所
接受。另外有一個意外發現,這樣子的口味跟
台灣在地的美食特別搭配!

Singleton 12 Years Old

香氣：石楠花香氣、清新的西洋梨味，還加上淡淡的麥芽甜香。是一款香氣很細緻的酒款。

口感：有焦糖烤布雷與香甜熟透的香蕉味道，還有淡淡橡木與西洋梨的味道。

尾韻：中長，淡淡的木桶與香草麥芽的味道會緩緩從口腔散發出來。

C/P 值：●●●○○

價格：NT$1,000 ～ 3,000

Singleton 15 Years old

香氣：細緻的橡木桶香氣、黑砂糖與咖啡的香氣非常融合，隨後則散發出絲滑的奶油氣息、柑橘與香草的香氣。

口感：像一杯用重烘培咖啡豆的焦糖瑪奇朵。隨後，淡淡的香草奶油與柑橘味道緩緩地散發出來。淡淡的煙燻泥煤味道很細緻。

尾韻：悠長細緻，細緻的泥煤香氣持久悠長。

C/P 值：●●●●○

價格：NT$1,000 ～ 3,000

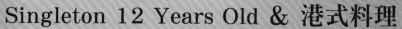

Singleton 12 Years Old & 港式料理

Singleton 是一支特別為了亞洲人的口味打造的威士忌，它所著重的口感是「均衡」，間中再透出一絲淡雅的煙燻味道，因此除了台式料理之外，它與港式料理也有很好的搭配。像是糖心鴨蛋、廣式叉燒肉、什錦滷鴨這一類的料理，上面微甜的醬汁與 Singleton 12 年中雪莉桶的部份非常搭配，而料理本身帶點煙燻氣息的味道，又跟這支酒中波本桶帶來的香草與煙燻氣息有很棒的共鳴，很有意思。

來自逆流而上的清澈水源
Glencadam
格蘭卡登

　　Glencadam 威士忌釀酒廠位於蘇格蘭高地的古老村莊伯郡，也是 Angus 地區唯一的一家釀酒廠。那裡的泉水形狀非常特別，不同於水往下流的特性，它是沿著 15 度的向上拋物線頑固地逆流而上，柔軟的水質純淨清亮。這也造就了產品獨特的馥鬱芳香。泉水從紅色花崗岩土層流經過灌木地帶的泥炭層，因此帶有一股特有的泥炭芳香。更可貴的是，這泉水的溶解能力超群，更能溶解麥芽的蛋白質，提取更多的浸出物，賦予 Glencadam 特有的韻味。

　　在新的威士忌酒廠合法化的政府決議（Government Act）通過後，1825 年，George Cooper 決定為他的酒廠辦理生產許可證，Glencadam 就此誕生了。據 Brechi 鎮的史誌記載，在 1838 年該鎮已擁有 2 家酒廠，2 家釀造廠以及 47 個合法的相關經營場所，但時至今日，只有 Glencadam 倖存下來。

　　大部分酒廠的蒸餾器的林恩臂都成水平或斜下，但 Glencadam 則不同，它的林恩臂是上斜 15 度，這樣增加了回流量，生產出的酒精比較清

酒廠資訊

地址：Brechin　Angus　DD9 7PA

電話：+44(0)1356 622217

網址：www.glencadamdistillery.co.uk

淡。烈酒就在酒廠內陳放，主
要使用波本桶，綿密柔順，帶
有漿果味道。

2010/09/18

推薦單品

Glencadam 12 Years Old Port Wood

香氣：小紅莓與覆盆子汁、黃葡萄與淡淡牛油香氣。細緻
的橡木香氣與醃小黃瓜香氣隨後散發出來。

口感：口感有一點刺激感，像發酵過的葡萄汁，淡雅精緻；
加水後多了花朵與冰糖的風味。

尾韻：短，尾韻有些許刺激的酒精感覺。

C/P 值：●●○○○

價格：NT$1,000 ～ 3,000

Glencadam 14 Years Old Sherry Wood

香氣：芬芳柔順帶有不錯的深度表現，一開始的花朵，接
著的奶油香與洋甘菊。

口感：花朵香味的蠟燭，有種精緻如西洋梨，以及香甜如
宜蘭蜜餞的感覺。

尾韻：中長，尾韻帶有一絲絲酸甜蜜餞的味道很有趣。

C/P 值：●●●○○

價格：NT$1,000 ～ 3,000

懂得與自然共存的威士忌藝術家
Glengoyne
格蘭哥尼

The Edmonstone 家族於 1833 年於蘇格蘭南高地創立 Glengoyne 酒廠，名字源自於「Glen Guin」，有「野鵝充滿的山谷」的意思。酒廠位在 Dumgoyne 附近，優越的自然環境蘊含了穿越綿延山谷中的泉水，使用比較高級的黃金大麥品種，製造出來的威士忌強調只用未經泥煤燻乾的麥芽來製造清爽的酒體和獨特的麥芽風味，所以容易入口、麥芽香甜非常的明顯。

酒廠的年產量達到 110 萬公升，出產單一純麥威士忌每年達到 40 萬瓶。主要採用雪莉酒桶與波本酒桶，有少數酒是芬諾（Fino）雪莉桶和舊的阿蒙提雅多（Amontillado）酒桶。另外出過一些特別款，像是品質優秀的千禧年款。

目前的所有者 Ian MacLeod 負責管理酒廠的生產，算少數蘇格蘭單一家族擁有、且令人印象深刻的幽靜酒廠。小型的地窖式儲藏很有特色與個性，漂亮且用心經營的遊客中心，這間高地風格的家庭式溫馨小酒廠，每年吸引了 4 萬遊客參訪。

酒廠資訊

地址： Dumgoyne, Killearn, Glasgow G63 9LB

電話：+44 (0)1360 550254

網址：www.glengoyne.com

廠區內有個漂亮的湖，源自於周遭的山谷、同時也是酒廠的水源地。酒廠內森林環繞、湖泊清澈，感覺很像台灣的溪頭般美麗和舒適。還有一大區養殖畜牧區也生產農產品，他們養牛羊的目的，是不要浪費蒸餾威士忌所留下的大麥渣。讓人深深地感覺，一間用心經營的蘇格蘭蒸餾廠很會保護他們的環境，更懂得與自然共存共生、不過度破壞、取之於大地用之於大地的生活藝術。

推薦單品

Glengoyne 12 Years Old

香氣：秋天的枯葉、橡木桶塞的用布、青芒果與麵包屑，還有些許煉乳的氣味。

口感：濃郁飽滿，酸與甜之間有著很棒的平衡，葡萄糖漿、糖漬杏仁、紅蘋果，入口柔順且各風味的表現都很實在。

尾韻：中長，尾段有鮮明的熟成的西洋梨子味。

C/P 值：●●●○○

價格：NT$1,000 ～ 3,000

Glengoyne 17 Years Old

香氣：乾淨的麻布、西洋杉木、清新的橡木與淡淡雪莉酒的香氣。

口感：相當的順口香甜，微微的熟成葡萄和蘋果的風味。

尾韻：中長，尾段有淡淡的奶油檸檬派的氣味。

C/P 值：●●●○○

價格：NT$1,000 ～ 3,000

蘇格蘭威士忌界的高級時尚精品

Glenmorangie

格蘭傑

　　Glenmorangie 的蓋爾語是「幽靜的谷」。Glenmorangie 的水源來自埋在地下數百年的 Tarlogie Spring 湧泉，為了保有泉水源頭品質不受污染，他們購買附近 250 公頃的土地加以保護。泉水經年累月緩慢地穿過層層疊疊的石灰岩獲得豐富的礦物質，賦予 Glenmorangie 繁複的水果香氣。此外，石頭一直是他們的核心所在，酒廠附近的蘇格蘭高地上發現了一座遠古石塊 Hilton of Cadboll Stone（希爾頓卡德伯爾巨石），是公元 600 至 800 年間皮克特族所雕刻並留下來的遺址，被認為是歷史上一個古老的重要象徵，於是這原始雕於巨石上的主題圖騰便成為 Glenmorangie 的品牌標誌。

　　酒廠最早成立於 1843 年，2004 年被 Moet Hennessy Louis Vuitton 集團（簡稱 LVMH）收購。Glenmorangie 有很多特殊且了不起的特色。來自高地的湧泉水源、古老石碑的品牌標誌外，還有全蘇格蘭最高的銅製蒸餾器，越高的蒸餾器表示只有越極輕與純淨的酒才能抵達蒸餾器的最頂端。而近年來最令威士忌迷稱讚樂道的是他們在換桶方面的研究與成

酒廠資訊

地址：Tain, Ross-Shire IV19 1PZ

電話：+44(0) 1862 892043

網址：zh.glenmorangie.com/experience-perfection/distillery-
　　　tour

就！

　　自 LVMH 入主之後，在木桶上面有一些作法更新。為了要讓他們原本波本桶的特色保持不變，以及延續原本在木桶上面的持續精進與發展。特地投資美國密蘇里州 Ozarks 山區的國家森林公園，並合作選擇適合製作威士忌的白橡木進行開墾。精選木材裁切後放在戶外自然風乾兩年，享受大自然的洗滌與風化而不是人工烘烤乾燥，再交給美國田納西州的酒廠製作波本酒 4 年，等這些木桶成為真正的波本桶之後，才運回蘇格蘭陳放威士忌！這麼嚴謹的作法，也只有這麼大型的蒸餾廠才有這樣的人力與財力能做到。

　　Glenmorangie 將這些桶子陳年出來的酒推出上市名為「Artisan Cask」酒款。而過桶的工藝是需要時間和不斷的測試去累積出來的，過程很具有實驗性質和挑戰性，經過經驗累積之後才能掌握桶子的混合比例與次數等訣竅，而 Glenmorangie 的桶子堅持只用兩次，陳放超過兩

次以上的桶子能提供的波本味已經不符合他們的標準了！

因為這麼多的特色和心思，Glenmorangie 的酒質很清爽乾淨、輕盈，而自然風乾木材製成的木桶少了辛辣感。酒質很細緻，麥芽的甜味特別明顯，非常順口有其自家特質與風味。參觀酒廠過程是在桶邊試喝，我個人其實非常喜歡他們的雪莉桶，可惜他們的總調酒師 Dr. Bill Lumsden 認定他們的波本桶才是最棒的！所以沒有出單桶的雪莉桶。

酒廠本身非常漂亮、讓人印象深刻。忍不住想炫耀一下，上次去參訪時是請酒廠規劃我的行程，沒想到竟被安排住進他們專門招待 VIP 貴賓的「Glenmorangie House」！那是間非常漂亮且舒適的 House，雖不在酒廠附近，但提供美味晚餐服務、最重要的是，House 放的每一瓶酒都隨便我喝！住在高級又有品味的 House 實在太享受了！

推薦單品

Glenmorangie Original

香氣：檸檬、蘋果、西洋梨與蜜桃，熟成的果香非常鮮明，伴隨著淡淡香草冰淇淋的香氣。細緻的橡木香氣非常迷人。

口感：蜜桃與香草、甜橘與檸檬在口中緩緩散開。香料、核果與杏仁味夾雜在其中，是一款味道非常豐富的威士忌。

尾韻：中短，橡木與香草的氣味會從口腔中慢慢散開。

C/P 值：●●●●○

價格：NT$1,000 以下

Glenmorangie Lasanta

香氣：最初的香氣是巧克力的葡萄乾與蜂蜜，與潤滑的牛奶太妃糖，緊接著是由乾果、柑橘風味接著帶出的焦糖烤布蕾，最後則是蘭姆與葡萄乾冰淇淋的濃郁香氣。

口感：圓潤飽滿，是典型的西班牙雪莉酒風味，充滿了黃葡萄 Sultanas、柑橘片、胡桃與奶油太妃糖的口感，隨後帶出淡淡的木桶與黑巧力的味道。

尾韻：悠長，柑橘與巧克力榛果的餘味盤徊不去。

C/P 值：●●●●○

價格：NT$1,000 以下

Glenmorangie ASTAR

香氣：檸檬花香與清澈的蜂蜜相結合，另伴隨著淡淡的海鹽，焦糖烤布蕾，以及牛奶巧克力，而肉桂與八角的繁複風味。

口感：蜂蜜的甜美，烤布蕾的香脆焦糖與濃稠奶香，個別風味極為明顯。接著將爆發出鳳梨果味，再慢慢地又出現濃郁的奶油巧克力醬與強勁油滑的榛果融合後的風味。

尾韻：中長。

C/P 值：●●●○○

價格：NT$1,000 ～ 3,000

Famous Grouse 的故鄉
Glenturret
格蘭杜雷

Glenturret 建於 1775 年，號稱是蘇格蘭最古老的高地麥芽威士忌酒廠、而且是蘇格蘭規模最小的酒廠之一。早在 1717 年這一地區便開始了釀酒業，而 19 世紀這區域有兩個酒廠都叫做 Glenturret，在找這部份資料時，我發現，蘇格蘭的釀酒業除了起源很早之外，史料其實非常不齊全，所以真相為何，並沒有完整的切確的資料可以證實。

1875 年，酒廠被賣給一家叫做 Hosh 的公司，於 1921 年關閉後，被當作威士忌儲存倉庫使用。一直到 1959 年，James Fairlie 才又重整了酒廠，他小心地保持酒廠最原始的樣貌。幾經易主後，於 1990 年歸於 Highland Distillers group 旗下、隨著集團 1999 年被併購，現在隸屬於 The Edrington Group。

酒廠生產的酒是頂頂大名 Famous Grouse 威士忌基酒來源，所以我稱這家酒廠作「Famous Grouse 的故鄉」。酒廠座落在美麗的山谷中，水源清澈，酒體風格清新、乾純。酒廠規模雖小但保有傳統的風格，規劃完整、每年吸引很多遊客造訪，讓人對威士忌的生產過程能充分了解。

酒廠資訊

地址：The Glenturret Distillery, The Hosh, Crieff, Perthshire & Kinross 4HA Scotland

電話：+44 (0) 1764 656565

網址：www.thefamousgrouse.com

在參觀的過程，讓人印象最深刻的遊客中心的「高科技」。首先進入的是一個 3D 模擬的房間，帶領我們以野雉的角度從上空鳥瞰整個酒廠廠域和蘇格蘭優美的環境，還有許多互動的裝置讓遊客能輕鬆和以趣味遊戲的方式了解酒的製成。

　　這裡有一個有趣的紀錄，廠裡有一個聞名全球的貓咪，號稱是全蘇格蘭最會抓老鼠的貓 Towser，在牠生平記錄有案的，牠一共抓了28,899 隻老鼠，還不包含酒廠周遭無數隻兔子、山雞等，這輝煌的記錄在牠過世之後人們還特別設立了一個紀念碑紀念牠，我想蘇格蘭人真的是個很知道感恩的民族吧！

推薦單品

Glenturret 1972 Limited Edition

香氣：桃子、水果、椰子油與燕麥堅果的油脂香。

口感：淡雅香草，青草、香甜的麥芽與美式煎餅。

尾韻：強勁有力使人鎮靜，辛辣和煙燻味的組合。

C/P 值：●●●○○

價格：NT$5,000 以上

車庫蒸餾廠
Loch Ewe
洛克悠

Loch Ewe 蒸餾廠座落於西高地，是全蘇格蘭最小的蒸餾廠。離一般的蒸餾廠的產區非常遙遠，沿途不是小城鎮就是空曠的區域，這是我造訪的第 100 家蒸餾廠，抱著探險與蒐集酒廠的心情，不管再遠都要抵達！

Loch Ewe 蒸餾廠有許多值得一提的故事。蒸餾廠的主人 John Clotworthy、France Oates 夫婦是堂堂的旅館老闆，憑著他們對於威士忌的熱情，通過層層繁瑣的申請程序，終於獲得英國政府的同意，成立這家全英國最小的蒸餾廠。最有趣的是它竟是座落在車庫裡！於是我給它取了個外號叫「車庫蒸餾廠」。

主人 John 也是蘇格蘭麥芽威士忌協會英國的會員，一見面我們就滔滔不絕的開始聊起威士忌和協會目前在台灣現況，也很榮幸在造訪的日子成為他每日製作威士忌的助理。不親身經歷不知道，光是幫忙處理發酵的過程，全身就充滿了大麥發酵後的酸臭味！

Loch Ewe 採用傳統的蒸餾方式，在幫忙製造的過程想像著回到過去非法蒸餾廠偷偷製酒的感覺，唯一感覺現代的是蒸餾器採間接加熱而不

酒廠資訊

地址：Drumchork Estate, Aultbea Wester Ross, IV22 2HU

電話：+44(0)1445 731242

網址：www.lochewedistillery.co.uk

是直火加熱。製酒過程中 John 是個很嚴謹的人，要乖乖的當他助手到整個流程完畢後，才允許我提問問題與拍照。

這家酒廠讓我想到有一年冬天跟 Glenlivet 的廠長在雪地偷偷用小型蒸餾器製酒的過程，大夥圍在一起用煤炭加熱蒸餾器，看著酒精慢慢從蒸餾器流出，那種喜悅非言語可形容！也許真的可以考慮買一個回來製作台製家庭手工威士忌！

由於是採用傳統的製造方式，冷凝器採用蟲桶來冷凝，不過木桶的選擇，酒廠主人則是用 Mini Cask 為主，並非大家常見的雪莉桶與波本桶。一方面酒廠是以觀光為主，結合飯店與威士忌增添了與客人的互動與趣味，另一方面，一個 1,400 鎊的雪莉桶，也不是這種小酒廠能負擔的。另外值得一提的是這家飯店 Drumchork Lodge Hotel 的 Whisky Bar，收藏超過 300 多種威士忌，也曾被 *Whisky Magazine* 評選為全世界最好的威士忌酒吧之一，在這麼偏遠的地方，能有這麼多的收藏，真的不得不佩服 John 對威士忌的熱情！

推薦單品

Loch Ewe New Maker

香氣：濃烈刺鼻的酒精味，隨後可聞到柑橘與麥芽的香氣

口感：口感刺激強烈，有種感覺在吃酒精麥芽糖的感覺

尾韻：偏短

C/P 值：●○○○○

價格：NT$ 1,000 ～ 3,000

PS：這款是未經熟成的威士忌 New Maker

藏身於蘇格蘭最美湖畔的酒廠
Loch Lomond
羅夢湖

Loch Lomond 酒廠成立於 1965 年，位於蘇格蘭舉世聞名的 Loch Lomond 湖畔，酒廠用來製造威士忌的水源也都來自此湖。廠內擁有全蘇格蘭最大的裝瓶廠，每年裝瓶數量包含威士忌、伏特加、蘭姆酒、以及白蘭地等共有 370 萬、酒廠本身的年產量也達到 12.50 萬升。是一間產量很大效能很高的酒廠。

一般「單一純麥威士忌」依據法律規定必須是「單一」個蒸餾廠所生產的威士忌原料製造，不能與其它家酒廠生產的酒混合。而「調和威士忌」是為了得到特殊的口味，按比例混合麥芽威士忌及穀物威士忌「調和」而成。由於蒸餾設備的差異，麥芽威士忌酒廠通常自行生產穀物威士忌，所以一般酒廠之間都會購買其它酒廠的穀類原酒來調配所需要的風味。這家酒廠有相當與眾不同的特點，其同時擁有兩套不同的設備，可以生產六種以上不同口味的單一純麥威士忌，又可以自行生產穀物威士忌，於是，Loch Lomond 成為少數幾家可製作「單一酒廠調和式威士忌」的酒廠。

酒廠資訊

地址：Lomond Industrial Estate Alexandria, Dunbartonshire G83 0TL

電話：+44(0) 1389 752781

網址：www.lochlomonddistillery.com

雖然位在美麗的 Loch Lomond 湖畔，酒廠本身卻像是一個大型工廠，生產許多不同種類的酒，有 3 個不同的單一純麥威士忌品牌。其中一個品牌「Glen Douglas」從無泥煤到重泥煤就生產了 8 款不同的酒款，給人一種威士忌加工廠的感覺。而單一純麥威士忌評價普通，並不建議去參觀。但這裡距離 Auchentoshan 很近，如果真的要去參觀，建議可以去參觀美麗的奇景 Lomond 湖，順道在酒廠拍些照片之後，再去參訪 Auchentoshan 酒廠！

推薦單品

Loch Lomond Inchmoan Peat Single Malt 45%

香氣：煙燻泥煤、花香、香草，並充滿燻烤大麥的香氣

口感：口感厚實，麥芽糖、香草、蜂蜜與橡木單寧的風味。。

尾韻：中短，尾段帶有一點辛辣的泥煤氣味。

C/P 值：●●○○○

價格：NT$1,000 ～ 3,000

海港蒸餾廠
Oban
歐本

Oban 於 1794 年由當地的望族 John and Hugh Stevenson 家族所建立，酒廠建立於西高地也是名為 Oban 的城市中心，是 Diageo（帝亞吉歐）集團中除了 Royal Lochnagar 外第二小的酒廠。John and Hugh Stevenson 家族在當地的生意涉足採石、房地產以及航運業等，這之間因為生意太過廣泛而部分經商失利，酒廠在家族親戚之間也幾經轉手，直到 1866 年才被當地一位商人 Peter Cumstie 買下。1883 年 James Walter Higgin 買下 Oban 酒廠並重新改建，之後經過幾任易主休廠又復廠、所屬東家也被併購，最後屬於 Diageo 集團。 Oban 酒廠位於 122 米高的懸崖下，近 100 年來，房屋布局一直保持原狀從未改變。

1988 年，尚未被 Diageo 集團合併的 United Distillers 宣布將 Oban 14 年挑選為代表西高地的 Classic Malts 經典酒款，至今，Oban 自然也成為 Diageo 持續推廣 Classic Malts 的酒廠。雖然其產量不大，每年只有出產 70 萬瓶，但優異的酒款與口味成為 Diageo 集團全球銷量第 5 名的酒廠！

酒廠出產的單一純麥威士忌產量不多，正式裝瓶的有 Oban14 年，另

酒廠資訊

地址： Stafford St, Oban, Argyll PA34 5NH

電話：+44(0)1631 572004

網址：www.discovering-distilleries.com

外有一些限定版如：Oban 32 年、20 年、18 年等銷往美國市場，2009 年也出產了酒廠的經理親自挑選的 Oban 2000 年的原桶酒！現在市場上已經很難找的到 Oban 的獨立裝瓶的原酒。

Oban 酒廠坐落在海港旁邊，那區域是西海岸蘇格蘭人會去度假的地方，景緻非常優美，可以去釣魚或是出海玩水，如果去這裡旅遊參訪會建議在 Oban 住一晚，那裡的風景、色調和居民生活的步調與氛圍，會讓人有滿滿的幸福感！

這裡出發的渡輪可以直接去參觀 Tobermory 和 Talisker。酒廠保留了古老的建築風格，維持的相當完整和漂亮。酒廠遊客中心介紹完整，從酒廠歷史、蒸餾過程到最後的展示區的規劃都很用心。酒廠有販賣「酒廠限定版」，價錢很公道！

推薦單品

Oban 14 Years Old

香氣：耳目一新的優雅氣味，夏季水果、蜜瓜、香草香、一點點的皮革味，豐富的熟成水果的風味。

口感：香氣有的特色，入口也同時能感覺的到；質地順口，細緻如絲。

尾韻：中短，果香、柔雅，帶點微微的堅果味。

C/P 值：●●●●○

價格：NT$1,000 ～ 3,000

Oban 18 Years Old

香氣：清淡細緻，有奶油、芬達汽水與水果果凍的香氣。是一款果香氣味非常豐富的酒款。

口感：口感圓潤，如同香氣般細緻，有加了莓果的優格與一撮薑粉末。

尾韻：輕柔帶有一持久不散的辛香風味。

C/P 值：●●●●○

價格：NT$5,000 以上

與港共生
Old Pulteney
富特尼

Old Pulteney 蒸餾廠位於蘇格蘭本島最北端的漁業城市威克鎮內，蘇格蘭幾乎全數的蒸餾廠都在鄉村田野間，Old Pulteney 是極少數的幾家座落在市區裡的酒廠之一。威克鎮跟 Old Pulteney 酒廠關係極為密切，最早期的鎮名曾經名為 Pulteney 鎮，1805 年因襲人名 Sir William Johnstone Pulteney 而來。19 世紀初，Sir William Johnstone Pulteney 身為英國漁業協會的主席，他任命當時英國首屈一指的土木工程師 Thomas Telford，規劃當地的漁港建設，也因為兩百年前北海的鯡魚潮，捕魚業極為興盛，繼而帶動了整個城鎮的工商發展，包括造船、貿易、以及釀酒。

根據歷史文獻紀載，建港的初期，當地聚集 1,000 艘鯡魚船，多達 7,000 名勞工在港區作業，熱鬧的工商活動也帶來威士忌的需求。除了從外地運威士忌進城，還有部分當地的私釀酒，在 1826 年 James Henderson 正式建立合法的蒸餾廠。此時的威克鎮其實連條聯外的道路都還沒有，一切運輸倚靠海運，包含釀酒原料的輸入跟威士忌成品的輸出。當時的碼頭熙來攘往人聲鼎沸，據說桶匠除了製作用在威士忌陳年的橡木桶，

酒廠資訊

地址：Huddart Street Wick Caithness KW1 5BA

電話：+44(0)1955 602 371

網址：www.oldpulteney.com

也得箍起裝運鯡魚的桶子，酒廠工人還得在捕魚缺工時暫時充當漁夫，那時整桶整桶銀白色的鯡魚跟整桶整桶金黃色的威士忌，持續從威克鎮運出，這些閃亮的金色、銀色貨物讓這個小村莊聲名大噪。

兩個世紀了，酒廠經營權幾度易手，兩次世界大戰跟景氣蕭條多重的衝擊，也曾讓酒廠在 1930 到 1951 年間關廠停產，捕鯡魚的熱潮早已消退，威克鎮也再不如 200 年前繁華。但 Old Pulteney 酒廠依舊循著建廠以來的傳統工法，釀造帶有微微北海氣息的海潮風味、讓當地人傾心不已的單一純麥威士忌。

一直以來 Old Pulteney 威士忌一直都在國際烈酒競賽中有很好的評價，Old Pulteney 21 Years Old 更在 2012 年 Jim Murray 的 *Whisky Bible*，以 97.5 的高分脫穎而出，獨得 2012 年度威士忌的最高殊榮 Whisy Of The Year。

酒廠蒸餾器有一個特殊的「純淨器」裝置，像是在蒸餾器上另行加了一個障礙物狀的裝置，蒸餾出的原酒要通過那個障礙才能抵達冷凝器，必須要是身心輕盈、動作矯健的酒才能順利通過達到目的地，也造就出他們跟其它高地強勁海風味迥異的「輕盈海風味」的酒體。另外 Old Pulteney 是一個非常環保的酒廠，他們跟威克鎮的市政會合作了一個專案，在酒廠旁邊建造一個鍋爐利用冷凝過程中多餘的熱能。一期工程中有 500 戶居民能因此受益。他們還打算在第二期過程中安裝一個更好的鍋爐，以滿足約 1,000 名用戶的需求。

Old Pulteney 12 Years Old

香氣：麥芽的香甜味並伴隨著大海海鹽的香氣，隨後可以感受到西洋梨與香草的香氣。

口感：中度酒體，些微的海鹽及輕微的梨子味，但香草與麥芽的香甜味很平衡！

尾韻：偏短。

C/P 值：●●○○○

價格：NT$1,000～3,000

2Old Pulteneny 17 Years Old

香氣：熟成葡萄與蘋果和梨的甜果香，並伴隨著淡淡奶油的香氣。

口感：酒體濃郁，些微香草和花香的氣息，持久且映象深刻的尾韻。

尾韻：中短 ，尾段有一股淡淡細緻的海風味道非常有趣。

C/P 值：●●●○○

價格：NT$1,000～3,000

女王加冕的皇室威士忌
Royal Lochnagar
皇家藍勳

通常能夠在酒廠名字前面冠上「Royal」字樣，表示經過皇家認證與加冕策封過的酒廠！Royal Lochnagar 酒廠由 John Begg 重新正式成立於 1845 年，具備傳統高地區蒸餾廠的特色與花崗岩建築物，使用傳統開放式糖化槽、小型蒸氣加熱蒸餾器、以及傳統的冷凝工法，每年只生產 45 萬公升的原酒，是 Diageo（帝亞吉歐）集團下最小的一家蒸餾廠。

酒廠位於美麗的 Deeside 鄉間，水源來自位於南方險峻的黑色洛赫納加山矮坡，有明顯的高地特色。因坐落的地方靠近皇家夏宮巴爾莫勒爾堡、同時也是維多利亞女王度假領地附近，1848 年 John Begg 寫信給女王，希望邀請王室家族參觀剛落成的酒廠試酒、同時還奉上好酒。於是同年在皇室參觀酒廠過後，這家酒廠便受到皇家的策封，榮冠「Royal」字號。威士忌大師 Michael Jackson 在他的《麥芽威士忌指南》（*Malt Whisky Companion*）一書中也曾提到維多利亞女王喜歡將這支酒加入法國波爾多紅酒飲用。現今酒廠的樣貌跟當年女王造訪時並無太多改變，依舊保有原來的風貌。

酒廠資訊

地址：Royal Lochnagar Distillery, Crathie, Ballater, Aberdeenshire AB35 5TB

電話：+44 (0)1339 742700

網址：www.discovering-distilleries.com/agecheck. php?redirect=/royallochnagar/index.php

Royal Lochnagar 威士忌是 Diageo 集團旗下 Classic Malts 系列之一，地處的東部高地的地形與氣候非常適合種植大麥，利於取得原料，又堅持以高級西班牙雪莉桶進行熟成，出產的威士忌風味混合著蘋果、香料及蜂蜜的香氣外，又帶著濃烈雪莉風味，堪稱是東部高地最具代表性的蒸餾廠。去參訪在桶邊試酒時，它的雪莉桶真是讓我驚為天人！可惜產量非常的少，只偶爾出產一些特別版、在市面上的老酒也不多。目前則是集團下調和式威士忌 Johnnie Walker Blue Lable 最重要的基酒來源。

推薦單品

Royal Lochnagar 12 Years Old

香氣：水果蛋糕與淡淡的烤焦葡萄乾的氣味，淡淡的雪莉酒與木桶的香氣。

口感：核桃蛋糕、雪莉酒、黃葡萄乾，以及麥芽、青草的特有甜味。

尾韻：中長，尾韻有淡淡的煙燻味很特別。

C/P 值：●●●○○

價格：NT$1,000 ～ 3,000

Royal Lochnagar Distillers Edition 1996 Muscat

香氣：整體的表現是甜美且芬芳的，像是果醬、李子派、甜味優格、、黑醋栗，以及淡淡的丁香與乾燥的橘子皮。

口感：相當的甜，幾乎讓人以為它是利口酒呢！雞尾酒、李子果醬，芬芳的風味依舊。

尾韻：悠長。

C/P 值：●●●●○

價格：NT$3,000 ～ 5,000

曾為全蘇格蘭產量最大的酒廠
Tomatin
托馬丁

Tomatin 成立於 1879 年，位於東高地海拔 300 米高地，原名為 Tomatin Spey，1906 年酒廠曾停業，1909 年重新開業正式更名為 Tomatin。1950 年代到 70 年代酒廠規模不斷擴大，到 1974 年增設有 23 座蒸餾器，曾經是全蘇格蘭最大的蒸餾廠，在極盛時期年產量達 1,200 萬公升。後來經營不善生產減量，到 1986 年，被其長期合作的日本公司 Takara Shuzu & Okura 收購，成為被日本公司收購的第一家酒廠。

Tomatin 生產的純麥威士忌酒體厚實，酒質很好。曾經許多調和式威士忌都以其為基酒，口感沒有特別複雜或強烈的特色，但擁有高地特有的麥香，如果威士忌的入門者想要試試比較有厚重口感的口味，首選建議這支做為嘗試。

寫到這家酒廠，不禁讓我想著，高地區的酒類常常是這樣的情況，酒體好喝，卻說不出太明顯的特色，濃厚結實的獨特麥香似乎成為他們很適合作為其它調和式威士忌基酒的原因，因而這樣的特質與其對威士忌產業的貢獻讓高地產酒佔有一席之地。

酒廠資訊

地址：Tomatin, Inverness-shire IV13 7YT

電話：+44 (0)1463 248148

網址：www.tomatin.com

Tomatin 出產的單一純麥威士忌有些也頗受歡迎，台灣目前有酒商引進，有興趣
的威士忌迷可以試試看。

Tomatin 12 Years Old

香氣：細緻的青草香氣，有一股很像清新西洋杉木的泡澡精油的氣味。木桶的味道很細緻，有很細緻的麥芽香甜味。

口感：甜美，像是餅乾和開心果，讓人聯想到年輕甜美的女孩。

尾韻：稍嫌短了點。

C/P 值：●●●○○

價格：NT$1,000 ～ 3,000

Tomatin 15 Years Old

香氣：麥芽香、榛果太妃糖、牛奶巧克力，有點乳酸的氣味。

口感：順口如絲，橡木的風味恰當的穿插於中，跟香氣的表現差不多，整體平衡度不錯。

尾韻：中等尾韻，雖然消散的很快，但是感受是和緩的。

C/P 值：●●●○○

價格：NT$1,000 ～ 3,000

超市蒸餾廠
Tullibardine
圖力巴登

    Tullibardine 酒廠成立於 1949 年，位於 Perthshire 地區 Ochill 山丘 Blackford 村裡，座落於蘇格蘭 12 世紀最早的第一家酒廠位址上。水源來自鄰近 Ochill 山丘流下純淨而大量泉水，屬於非常適合釀酒的水質，酒體屬輕柔款的高地酒。

    跟許多蘇格蘭酒廠一樣，Tullibardine 也曾經過數次休廠與易主，2003 年 Michael Beamish 與 Doug Ross 以 110 萬英鎊買下酒廠重新開張運作，新主人裝瓶的新酒為 1993 年釀造的 10 年酒，目前的所有者為 Tullibardine Distillery Co 負責管理酒廠的生產。酒廠每年生產 270 萬公升的原酒，每年也吸引了近 10 萬人參觀。

    參觀這家酒廠時，首先看到的是一家大型購物超市，原本以為自己找錯路，後來才知道，Tullibardine 建廠以來因為經營與易主狀況等變動，原本是一間大型蒸餾廠，後來因為資金缺口將一半產物售出，那被售出的產物，被改建為一個大型購物超市，形成一邊超市一邊酒廠這樣衝突的景緻。

酒廠資訊

地址：Blackford, Perthshire, United Kingdom, PH4 1QG T

電話：+44(0)1764 682252

網址：www.tullibardine.com

推薦單品

TULLIBARDINE AGED OAK 40%

香氣：濃郁的水果香，有柑橘、臻果太妃糖、柔軟的牛軋糖、白巧克力，之後是奶油香與堅果味。

口感：溫柔順口，跟香氣有一樣的乳香味，牛奶巧克力、葡萄乾、杏仁霜，橡木的風味優雅呈現；加水還有橘子皮。

尾韻：中短，尾段有一股橡木乾澀的氣味。

C/P 值：●●○○○

價格：NT$1,000 ～ 3,000

TULLIBARDINE COUME DEL MAS BANYULS 46%

香氣：香氣是粉紅色的，綜合著冰沙、冰糖、甜點、濕潤感，還有椰子、紅色軟糖，感覺相當的精力充沛。

口感：口感圓潤，可以感受到鳳梨軟糖與麥芽糖。

尾韻：中短，尾段有一股甘澀的橡木與香甜的水果的氣味。

C/P 值：●●○○○

價格：NT$1,000 ～ 3,000

品酒筆記

低地區的麥芽威士忌蒸餾廠一直以來數量就非常稀少；低地區沒有高地區的嚴峻地形和氣候，此區所生產的威士忌也普遍沒有高地區威士忌的強烈特性；卻可以感受到柔和的植物芳香，例如青草、穀物和淡淡的花香。低地區的自然環境反而吸引了許多大型穀類威士忌的蒸餾廠進駐於此。

第1章 蘇格蘭

1-3 低地區 Lowland

真正精煉傳統蘇格蘭威士忌風味

Auchentoshan

歐肯特軒

　　Auchentoshan 在蘇格蘭的方言蓋爾語中是指「原野的一角」，非常地適切傳達了酒廠所處的蘇格蘭低地區域的鄉村風景。該酒廠創立於西元 1823 年，位於蘇格蘭第一大城格拉斯哥，坐落於低地克伯屈山丘下，俯瞰著潔淨無染的克萊德河，得天獨厚的地理位置，孕育出 Auchentoshan 獨樹一格的完美酒質。

　　在大家耳熟能詳的蘇格蘭六大威士忌產區中，現存酒廠最少的就屬低地區，而最能夠代表低地區特色的威士忌首推 Auchentoshan。已故的威士忌名家 Michael Jackson 對 Auchentoshan 的評價：「它提供了一個可以體會微妙的低地風格的絕佳範例，也讓人們有一個絕佳的機會，品嚐幾 10 年以來威士忌在格拉斯哥發展演進的顛峰。」其實低地區是蘇格蘭威士忌合法釀酒廠的搖籃，曾經擁有全蘇格蘭最多的蒸餾廠。早在 18 世紀，登記有案的釀酒廠有 23 家之多，其中 6 家集中在格拉斯哥、6 家在法夫、3 家在愛丁堡、其它則散落在各大城市；歷史上第一筆正式記載著蘇格蘭威士忌的出口記錄，是在 1777 年由 James Stein 由低地運往倫敦，

酒廠資訊

地址：Dalmuir, Clydebank, Dunbartonshire G81 4SJ

電話：+44 (0)1389 878561

網址：www.auchentoshan.com/the-distillery/tours.aspx

數量多達 2,000 加崙；到了 1782 年他出口到英格蘭的量已經達到了 18.4 萬加崙，由此可以想見那時後低地區威士忌酒廠林立的盛況！想要品味真正傳統蘇格蘭的威士忌風味，建議從低地區酒款下手，而 Auchentoshan 會是最好的選擇。

傳說這裡源自 19 世紀初期就開始釀製威士忌，直至 1823 年才合法化 Auchentoshan 建廠後幾經轉手，1969 年被 Eadie Carins 買下，他對酒廠進行了許多重要性的改建與翻新，到了 1984 年被現在所屬 Morrison Bowmore Distillers Ltd（簡稱 MBD）買下。

有別於其它蘇格蘭蒸餾廠的 2 次蒸餾，Auchentoshn 堅持以 1823 年即使用的傳統 3 次蒸餾精釀工法，180 餘年至今仍堅守用 3 個不同的蒸餾器分別蒸餾。威士忌蒸餾工序的本質是「篩選」，因此 3 次蒸餾會比 2 次蒸餾所擷取到的範圍更精煉、純粹，酒精濃度也較高。它將雜質分離，賦予威士忌獨特而精緻的生命力，酒體純淨，芳香甘醇的風味更顯得細緻、優雅。

3 次蒸餾的威士忌原酒酒體往往更容易受到陳儲時橡木桶的影響。Auchentoshan 為此特別邀請專家親自嚴選每一個陳年用的橡木桶，這些被精選出的橡木桶被一一編號、標明內裝原酒的蒸餾日期以及橡木桶的形式與種類。同時酒廠經理在陳年期間中也會定期了解木桶中酒質的變化，並在鑑定後親自在桶上簽名，代表對威士忌的品質保證。

Auchentoshan 是蘇格蘭少數這麼乾淨、漂亮且環保的酒廠。由於 MBD 被日本 Suntory（三得利）集團買下，因此帶來了日本人的乾淨簡潔、井然有序的風格。留有第一個蒸餾器放在戶外供遊客參觀。瓶身和酒標也由 MBD 改成較俱時尚感的簡約設計。

Auchentoshan 12 Years Old

香氣：香草、奶油、烤布丁、柑橘的香味、低地最具有特色的青草、堅果味與花香香氣表現的很棒。

口感：初入喉時和順且帶有甜味，接著會感到橘子與萊姆等柑橘類果實的香氣。

尾韻：中長，餘韻有迷人堅果的芳香。

C/P 值：●●●○○

價格：NT$1,000 ～ 3,000

Auchentoshan Three wood

香氣：麥芽的香甜、紅糖、柳橙、梅子及熟成葡萄呈現出完美的香氣表現。

口感：初入喉可感覺到濃郁的熱帶水果果香，接著即感覺到堅果香氣，同時夾雜肉桂以及檸檬香味，而後，奶油的香甜味增加整體豐富性與華麗感。

尾韻：餘韻悠長的橡木甜味與熟成葡萄芳香。

C/P 值：●●●●○

價格：NT$1,000 ～ 3,000

Auchentoshan 18 Years Old

香氣：初聞時帶有清新的煙燻味，接著引出香甜的焦糖與烤杏仁的香味。仔細品聞會發現一股清新的綠茶的香氣！

口感：初時有濃郁的花香、香甜的麥芽風味，接著即散發出橘子的香氣帶來清新的感受。

尾韻：餘韻悠長且口感平衡。

C/P 值：●●●●○

價格：NT$3,000 ～ 5,000

Auchentoshan 21 Years Old

香氣：成熟的黑醋栗果香，混合香甜香草氣息、橡木味道以及新鮮的麥芽風味。

口感：巧克力的甜蜜滋味，混合著蜂蜜與橡木的味道，多種氣味卻組合出極平衡的口感。

尾韻：餘味悠長、個性鮮明特出。

C/P 值：●●●○○

價格：NT$5,000 以上

南方森林之星
Bladnoch
布萊德納克

　　Bladnoch 是蘇格蘭最南邊的蒸餾廠，周邊沒有其它蒸餾廠，幾乎是獨自存在於 Wigtown 海灣。1817 年由 Thomas and John McClelland 創立，被稱為製造「低地精神」的威士忌。1825 年正式合法經營，1911 年起開始不斷易主的坎坷歷程，1994 年來自北愛爾蘭的 Raymond Armstrong 買下酒廠，原本並沒有打算要繼續生產威士忌，但在 2000 年與當地居民團體達成協議，將 Bladnoch 重新再開廠營運，承諾每年生產 10 萬公升的原酒。

　　該酒廠是少數蓋在城鎮裡面的低地酒廠。酒廠旁就是馬路對面就是商店、餐廳等，如果拿學校做比喻，這裡不像擁有廣大校區的大學般有山有地，比較像是在台北街道上的城區部。

　　因為經營低地區的酒廠實在不容易，近年來酒廠一直想要出售，也有謠傳說已經被裝瓶廠 Wemyss Malts 公司併購。儘管如此，酒廠還是很認真經營，遊客中心規劃有完整的歷史成列與介紹，甚至在廠內設立了一座威士忌博物館，每年吸引 2.5 萬人次參觀。Bladnoch 另外擁有獨立

酒廠資訊

地址： Bladnoch Bridge, Wigtown DG8 9AB

電話：+44(0) 1988 402605

網址：www.bladnoch.co.uk

裝瓶廠，會跟其它酒廠直接購入熟成酒桶自己
裝瓶，我去遊覽的時候，還在酒廠的酒吧喝到
Caol Ila 30 年的酒，非常有意思。

　　早期低地蒸餾廠大都供應給調和威士忌做
基酒，其特色比較細緻、花香味重。如果說高
地威士忌是給男人們喝的威士忌，低地就是給
女生的酒了。然而威士忌的族群大多是男性，
這是導致低地的酒廠經營不易的原因之一。
Bladnoch 除了囊括低地的風格之外，多了青草
香味，像是漫步在森林公園裡沐浴在芬多精中
的感覺。如果可以在酒標與酒瓶設計、以及行
銷等方面再加強一些，會更受歡迎。

推薦單品

Bladnoch 10 Years Old

香氣：麥芽、太妃糖、橘子皮、黑巧克力與淡淡雪莉酒的香氣。

口感：口感細緻柔順，乾果、太妃糖與細緻的橡木味道

尾韻：中短。

C/P 值：●●○○○

價格：NT$1,000 ～ 3,000

農場之家蒸餾廠

Daftmill

達夫特米爾

Daftmill 蒸餾廠為低地區第 4 家蒸餾廠。近年來低地區的蒸餾廠有陸續增加的趨勢，這對於整個威士忌產業界是件好事。產區中的蒸餾廠家數越多，口味變化度越多，才能吸引更多的威士忌迷去研究。為了更加了解低地蒸餾廠，近年來我嘗試許多不一樣的低地威士忌，同時進一步去當地酒廠參觀研究，發現低地酒廠獨特的花草香特別吸引人，尤其特別適合在波本桶熟成，讓低地酒散發出一種優雅的香草花香，高雅而細緻，非常耐喝。

Daftmill 酒廠就像是一個大農場莊園，逛完酒廠會情不自禁留在那裡與主人泡茶聊天不捨離去。我非常喜歡這家酒廠給人的感覺，也非常欽佩酒廠的主人 Cuthbert 家族。由於他們對威士忌的熱情，花了兩年整地蓋蒸餾廠，當建造過程中遇到資金缺口，就先暫停、勤奮地當農夫賺錢，等賺到錢了再繼續開工。終於，在 2005 年完成他們的夢想 Daftmill 蒸餾廠成立。酒廠平常並不對外開放，想去參觀需要事先預約。

酒廠處於交通非常不便利的地方，而且還不易尋找。去拜訪時，酒

酒廠資訊

地址：Dalmuir, near Cupar,Fife KY15 5RF

電話：+44 (0)1337 830303

網址：www.daftmill.com

廠的主人之一 Mr. Ian 很驚訝我的到來。當初為了找到這家酒廠，整整迷路了快一個小時。Mr. Ian 跟他的家人都住在酒廠隔壁，他們擔心我出事，抵達時全家人都在外面等我，甚至想開車來接應，讓人非常感動。Mr. Ian 是對威士忌很有熱情的人，一見面就滔滔不絕的跟我聊起威士忌，也詢問了我一些台灣與中國威士忌市場的情形。可見亞洲市場漸漸成為蘇格蘭威士忌產業人士非常注重的市場，連這麼一家小型蒸餾廠都這麼關心，何況是其它大型蒸餾廠。

這家酒廠有幾個特色值得一提。首先，酒廠所使用的大麥都是自家農場種的，而酒廠的空間並不是很大，沒有設置磨麥機，所以磨麥與烘麥的過程是委託專業的烘麥廠代工。整個酒廠的設備全數都是縮小版，蒸餾器也非常矮小，但是麻雀雖小

五臟俱全，非常值得一看。測試了一下這酒廠的新酒，味道相當有趣，難得的厚重中帶有輕柔的特色，酒質非常好。再者，這家酒廠的酒精收集槽是用木桶製成，跟一般用不銹鋼製成的不同，多了些古色古香。該酒廠另一個重要特色是酒廠主人堅持酒廠所使用的波本桶都來自肯德基洲的 Heaven Hill 酒廠，因為他覺得 Heaven Hill 的波本桶最好。酒廠也有一些 First Fill 的雪莉桶、波特桶與法國紅酒桶。Mr. Ian 讓我在桶邊試了許多酒，我發現他們的雪莉桶與波本桶狀況非常好，於是當場跟他訂了一桶 First Fill 雪莉桶，準備作為禮物送給我女兒，打算再過幾年把它裝瓶。

中國古時候習俗，在女兒出生時在家裡後院埋下的老酒，我這樣的做法，應該算是威士忌愛好爸爸的女兒紅吧！

參觀完酒廠後，Mr. Ian 很熱情的留我下來喝茶，把他們從無到有的照片跟我分享，翻着一張張照片，我激動地想著，這就是對威士忌有熱情的人最主要的特質，開口閉口都是威士忌！

註：由於是新成立的酒廠，所以尚未開始販售瓶裝酒。

收藏最多 Classic Malts 珍貴酒款

Glenkinchie

格蘭昆奇

Glenkinchie1837 年由 John and George Rate 兄弟創立，位於愛丁堡東邊的 Peastonbank，被村落農田區所包圍。佔地域的便利，每年有 4 萬人次的觀光客由愛丁堡前往酒廠遊客中心造訪參觀。所生產之威士忌，向來僅供做調和威士忌基酒用途，直至 1988 年，Glenkkinchie 才正式推出單一純麥威士忌產品。

低地蒸餾廠從過去以來就一直非常稀少，早在當初創立之初，低地區有 115 家合法的蒸餾廠，大部份都是穀類威士忌蒸餾廠，近年來麥芽威士忌蒸餾廠的數量更是進一步的銳減，如今只剩下少數幾家還在運作，像是 Auchentoshan、Bladnoch 以及 Glenkinchie。

低地產區的威士忌的口感偏向清新與淡雅，口感柔順平和適合加冰塊飲用。然而 Glenkinchie 的單一純麥威士忌與典型的低地風格有些不一樣，除了具備平順口感及花香，還帶有麥芽香氣及些微的辛辣感，口感乾爽。

當初去這家酒廠拜訪的契機適逢到英國參加「蘇格蘭麥芽威士忌協

酒廠資訊

地址：Pencaitland, Tranent, East Lothian EH34 5ET

電話：+44 (0)1875 342004

網址：www.discovering-distilleries.com/glenkinchie

會全球分會」的會議，由協會名義推薦我去參觀。我的導覽員是一位在酒廠工作 40 年隔天就要退休的 70 歲老太太，我是她最後一位導覽的對象。

　　酒廠的外觀很像一間紡織工廠，但卻是低地蒸餾廠建築的經典之作，酒廠擁有全世界最大的蒸餾器，造就其威士忌中輕柔而富花香的特色。導覽區像是一個博物館，從大麥、翻麥的工具以及當初要建廠的模型，都還保存下來並做完整的展示，我們可以很快的接近與了解這蒸餾廠從無到有的過程。

　　另外，這家酒廠可是 Diageo（帝亞吉歐）集團旗下唯一的低地蒸餾廠，佔有相當重要地位。其柔順口感與層次增加了集團內調和酒的豐富度，同時也是 Diageo 強力推廣的 Classic Malts 單一純麥威士忌產品之一員。

　　1998 年，United Distillers and Vintners 集團精選了 6 支蘇格蘭單一純麥威士忌

（註），以「Classic Malts of Scotland」的名義向世界廣為行銷，Diageo 併購這家公司之後延續此名義並發揚光大，不只酒款、更對旗下酒廠的推廣不遺餘力，於是「Diageo Classic Malt 珍稀系列的威士忌酒廠」因應而生。同時開放 Class Malt Club 會員資格歡迎消費者加入，蒐集與拜訪這些酒廠是一個很有收穫的行程、也會很有成就感。最重要的是，這類酒廠的參觀行程最後一站都是令人無法抵擋「Tasting Event」！這些精選酒廠中，有別於其它酒廠，Glenkkinchie 蒐集最多家 Classic Malts 酒廠的珍貴酒款！ 由於我是協會推薦去參觀的會員，再加上那日的導覽老太太是最後一天上班，所以極不吝嗇的讓我試喝了許多相當珍貴的絕版年份威士忌。

註：6 支 Classic Malts of Scotland 分 別 是：Dalwhinnie 15 – 斯 佩 賽 區 、Talisker 10 – 島 嶼 區、Cragganmore 12 – 斯佩賽區 、Oban 14 – 高地區、Lagavulin 16 – 艾雷島區、Glenkinchie 12 – 低地區等。

Glenkinchie 12 Years Old

香氣：芬芳花朵香，明顯的香草、剛剪下的花朵與烤麵包，甜味和奶香漸漸的更突出，令人想到檸檬起司蛋糕。

口感：輕柔的卡士達醬甜味，很快的變成花朵的味道，最後是冰糖奶油醬、檸檬起司蛋糕，整體表現柔雅順口。

尾韻：偏短，有一股青草的香氣緩緩在口腔內散發出來。

C/P 值：●●●○○

價格：NT$1,000 ～ 3,000

Glenkinchie Limited Edition

香氣：像是正在製作模型的感覺，有模型顏料和黏膠的氣味；雖有草莓果醬，但是油油的木頭氣味還是滿明顯的，隱約的有股肥皂香在背後。

口感：油汙和肥皂的味道並存，還有香草、乾燥花的味道，奇怪的組合。

尾韻：中長，但像小時候在吹塑膠泡泡的氣味一直散發出來。

C/P 值：●●○○○

價格：NT$1,000 ～ 3,000

品酒筆記

此區擁有豐富的大麥和泥煤天然資源，地理位置上又離政府管制遙遠，曾經在當地有多達 32 家的蒸餾廠；而這個數字還不包括沒有合法登記的蒸餾廠。所以坎培城又稱為「19 世紀的全球威士忌首都」。

雖然坎培城的繁榮光景在 1920 年時瓦解，目前只有 3 家蒸餾廠在運作；但坎培城的威士忌的獨特風味在威士忌評論家眼中依然是屬於獨立的一區。麥芽威士忌的特色普遍屬於中型酒體，帶著些許泥煤煙燻味和淡淡的海風味。

1-4 坎培城區 Campeltown

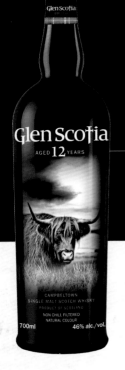

鬼月中元普渡必喝酒
Glen Scotia
格蘭史考蒂亞

坎培城區曾經是威士忌製造的重鎮、在蘇格蘭威士忌歷史中寫下光輝的一頁。在美國禁酒令的影響下，導致原本有 20 幾家蒸餾廠的獨特產區，到最後只剩下 3 家蒸餾廠 Glengyle、Springbank 和 Glen Scotia。

Glen Scotia 這間酒廠的故事很精彩，其中最為人所知的就是其中一任前主人 Duncan McCallum 當年跟別人打賭，信誓旦旦地說這家酒廠在他手中絕對不會倒閉，不然就去投河自盡，結果很不幸的，Duncan 輸了，在面臨破產危機的同時，也真的跳進酒廠的水源池 Campbeltown Loch 自盡。此後這家酒廠就陸續傳出鬼故事，常常有人看到 Duncan 在蒸餾徘徊，更有蘇格蘭歌手把這故事寫進曲子裡增添了戲劇性（註）。從此，這家酒廠像被鬼魂纏身似的，易主三次，關關停停。

曾經喝過幾次這家酒廠的酒，感覺酒質都不太穩定，有一段時間還懷疑是自己的味覺失靈了。某次去拜訪 Springbank 廠長 Frank 時，就拜託他一定要帶我去參觀這家酒廠，因這家酒廠管事的是他的前員工。他被我煩怕了，只好帶我前往。

酒廠資訊

地址：12 High Street, Campbeltown, Argyll PA28 6DS

電話：+44 (0)1586 552288

網址：www.glenscotia-distillery.co.uk

　　這次參觀終於解開心中的謎，這酒廠幾乎沒在維護，許多設備都生鏽漏水，蒸餾器也非常的髒，導致酒質非常不穩定，就連他們自己都沒把握每一批蒸餾出來的味道是一致的！詢問 Frank，他露出一臉很心疼又無奈的表情。原來整家酒廠只有兩個人，光是能營運蒸餾就是很了不起的事了，怎有餘力去維護好這許多細節？

　　酒廠出產的酒以泥炭味及非泥炭味為兩大特色，採用傳統的銅製蒸餾器，特色在於硫磺味明顯，氣味卻很活潑，繽紛的花果混雜著雪莉桶與波本桶的綜合特質，複雜度雖然不高，但質地乾淨細緻。依照年份的不同，Glen Scotia 威士忌呈現出來的口味卻大相逕庭。首先，12 年份的氣味較為清淡，多為穀物的味道、微鹹海風以及少許泥煤味，複雜度較低。但 14 年份就有著明顯的刺激感，些許的木頭味外，有著濃濃的奶油蜂蜜和果香。到了 16 年份則是撲鼻的雪莉桶香氣，和諧也溫潤。

　　Glen Scotia 現在屬於 Loch Lomond 集團中的其中一家蒸餾廠，座落在一棟看似現代化的建築物裡。目前產能利用率約只有 10% 至 15%，端看集團的需求。透露個小故事，我曾經幫國內某家集團評估併購它的可能性，可惜沒成功，不然 Dunacn 定

會跟我喝一杯慶功。看著這充滿鬼影蹤跡的酒廠與其坎坷的經歷，想到協會其實有出了幾款這酒廠的威士忌，希望有一天它會越來越好。心裡也不禁盤算着，其實可在中元節時多多支持該酒廠的酒，這定是鬼月中元普渡的必喝威士忌！

註：蘇格蘭歌手 Andy Stewart 於 1965 年發行歌曲：Campbeltown Loch，提及：想像湖裡只有滿溢的威士忌、沒有水，並嘗試將湖喝光的意境。

推薦單品

Glen Scotia 10 Years Old

香氣：熱帶水果的香氣特別明顯。檸檬、青蘋果、奇異果與水蜜桃香氣陸續釋放出來。

口感：奶油、杏仁及堅果融合著熱帶水果的味道，飄散於口中。

尾韻：中長。

C/P 值：●●●○○

價格：NT$1,000 ～ 3,000

春風吹又生，化做 Kilkerran

Glengyle

齊亞蘭

Glengyle 創始於 1872 年，由農夫 Willam Mitchell 於靠近坎培城市中心的 Glebe 街所成立，原本 Willam 和他弟弟 John Mitchell 共同經營 Springbank，但因理念不合另外創立了 Glengyle。1919 年由 West Highland Malt Distilleries 購入，1925 年關廠並拍賣所有的存酒。之後一直供給其它單位租借為辦公室或是社群活動等使用，直到 2004 年，Springbank 的前擁有者 Hedley Wright 將 Glengyle 地上建築物買回後，再購入已經關廠的 Ben Wyvis 蒸餾器開始復工，並成立 Mitchell's Glengyle 公司專職經營。

2007 年 5 月首次推出的 3 年新酒版本代表其新的品牌精神，2012 年推出第一支單一純麥威士忌，酒廠推出的品牌名稱不用酒廠名稱 Glengyle，改以 Kilkerran 名字與新的酒標面市，在台灣由橡木桶代理。

為何叫做 Kilkerran 而不沿用酒廠的名字呢？首先，Glengyle 這個名字早先就被 Loch Lomond 集團註冊為旗下調和威士忌的品牌名稱，他們也不希望自家重新出發的單一純麥威士忌在市場上被消費者混淆。最重

酒廠資訊

地址：Killkerran Info, 85 Longrow, Campbeltown, Argyll PA28 6EX

電話：+44 (0) 1586 552009

網址：www.kilkerran.com

要的是，Mitchell's Glengyle 公司非常自傲可以再以坎培城區酒廠的名義重新出發，他們堅持著這區域的傳統風味製作。而 Kilkerran 源自蓋爾語的 Ceann 湖「Cille Chiarain」，這同時也是原本就坐落在此地的 Saint Kerran 教堂的名字。在他們的酒標上面可以清楚的看到這個教堂的建築形體。

Mitchell 家族抱持著希望有多一些酒廠，可以讓坎培城這個區域漸漸再度繁華起來，而周邊的酒廠員工若是人手不足，酒廠之間都會相互支援，非常有使命感和和諧的區域。

推薦單品

KILKERRAN WORK IN PROGRESS

香氣：令人驚艷的豐富熱帶水果香氣，成熟西洋梨香氣尤其明顯，並伴隨著淡淡蜂蜜香氣。

口感：中度酒體，輕柔的柑橘味道，淡淡的太妃糖與香草冰淇淋完美的結合在一起。

尾韻：中長，香甜中帶有辛香氣息與淡淡的木質煙燻味，微微的野草香氣和甘草香氣。

C/P 值：●●●○○

價格：NT$1,000 ～ 3,000

蘇格蘭最純手工打造威士忌
Springbank
雲頂

Springbank 創始於 1828 年，由蘇格蘭最古老的家族 Mitchell 獨自所擁有，也是目前蘇格蘭少數從頭到尾從烘麥、翻麥、裝瓶，都在自己廠中完成的酒廠。仍堅持 100% 傳統的地板發麥，每一個步驟盡可能用人而不用機器取代，說這酒是蘇格蘭最純手工製作的威士忌一點也不為過。

早在 19 世紀坎培城就以威士忌聞名，當時蘇格蘭威士忌劃分為四大產區，分別為：高地、低地、艾雷以及坎培城，與現在的劃分法不盡相同。30 多家的蒸餾廠四方林立，讓鎮上每個角落都充斥著威士忌原酒的麥芽香，由此可知坎培城在當時威士忌產業所佔的比例及重要性。

隨著上一次酒業的蕭條，坎培城的蒸餾廠紛紛倒閉，最後只剩下 Springbank 一家酒廠依舊屹立。坎培城區有著複雜、強勁、油酯豐富等特質，而 Springbank 一直傳承至今。直到目前，幾乎每位蘇格蘭的品酒大師都稱讚 Springbank 是一個有其獨特氣味並數一數二的好酒廠。

2004 年 Springbank 酒廠將停工 75 年的 Glengyle 蒸餾廠復工，目前 Springbank 酒廠下有 2 間酒廠，再加上 Glen Scotia，坎培城的 3 家酒廠

酒廠資訊

地址：85 Longrow, Campbeltown, Argyll, PA28 6EX

電話：+44 (0) 1586 552009

網址：www.springbankwhisky.com

讓回復往日榮景露出曙光。

　　Mitchell 家族世代一直努力的耕耘坎培城區，不加香精、不添焦糖染色以及不冷凝過濾是他們在製造威士忌的堅持。針對旗下品牌，堅持 Longrow 2 次蒸餾、Springbank 2.5 次蒸餾、Hazelburn 3 次蒸餾的原則，每個品牌都是為了全面發揮威士忌的可能性而創設。針對麥芽的處理也不馬虎，Hazelburn 不用泥煤燻烤、Springbank 採用 6 小時泥煤燻烤、而 Longrow 則花了整整 48 小時專作泥煤燻烤，堅持處理每個品牌的不同風格，完全顯示出這家族對自己名聲的尊重與基本精神，也是他們一直在坎培城屹立不搖的原因。另外一個令人感動的是，復興 Longrow 與 Hazelburn 這兩個品牌，是希望人們藉由這兩個牌子，能夠持續記憶與了解過去坎培城的繁榮與風華，這也是 Mitchell 家族對坎培城的使命。

推薦單品

Springbank 10 Years Old

香氣： 淡淡的油酯香氣，隨後薄荷、太妃糖與乾葡萄乾的香氣陸續呈現。

口感： 中度紮實，薄荷糖、太妃糖、檸檬皮與香草的味道。

尾韻： 中長，有一股像檸檬太妃糖的氣味緩緩在口腔中散發出來。

C/P 值： ●●●○○

價格： NT$1,000 ～ 3,000

Springbank 15 Years Old

香氣： 橡木桶陳釀的香氣中略帶一絲新鮮的草味，以及極為細緻的清雅煙燻味。

口感： 柔和平順，適中的甘甜味以及良好的奶油橡木桶味。

尾韻： 中長。

C/P 值： ●●●●○

價格： NT$1,000 ～ 3,000

Springbank 18 Years Old

香氣： 綜合乾果與些許煙燻氣息，隨後散發中清新的橡木氣味、熟成柑橘與葡萄乾的香氣。

口感： 口感柔順，入喉後太妃糖、杏仁堅果與水果蛋糕味道陸續出現。

尾韻： 悠長帶，有綿綿不斷的葡萄乾、黑巧克力及杏仁糖果香氣。

C/P 值： ●●●●○

價格： NT$3,000 ～ 5,000

斯佩賽區擁有蘇格蘭近 2/3 的威士忌蒸餾廠，多集中於斯佩賽區的幾條大河附近。此區是蘇格蘭威士忌的重要製造中心。斯佩賽區的麥芽威士忌一直以來就以豐富和多元化的風味聞名。生產的威士忌普遍甘甜並充滿花果香味。大致將其特色分為三大類：

1. 輕酒體：酒體偏向輕淡的威士忌，通常帶有花果香和些許穀物的特色（例如 Glenlivet）。

2. 中酒體：中酒體的威士忌則擁有高地區威士忌的淡雅風味，但多些花果的芳香氣味（例如 Glenfiddich）。

3. 較渾厚的威士忌則帶著馥郁的雪莉桶芳香，和些許的巧克力和水果蛋糕般的香氣（例如 Macallan、Aberlour）。

第 1 章 蘇格蘭

1-5 斯佩賽區 Speyside

製作屬於自己獨一無二的酒

Aberlour

亞伯樂

Aberlour 蓋爾語的意思為「mouth of the Lour：潺潺小溪源頭」，酒廠早期用水皆來自於酒廠附近的一口地下井 St.Drostan Well，可追溯到德魯依特教教會佔領酒廠附近的峽谷之時、約有 1,000 多年的歷史，這口井同時也是當地教士為蘇格蘭高地居民受洗禮的水源。酒廠位於 Ben Rinnes 山脈的山腳下，周圍風景宜人、附近還有一個非常著名且壯觀雄偉的 Linn of Ruthie 瀑布，瀑布有 10 米高，水沿著山壁直瀉而下的水形成一條河流名 Lour Burn，再匯入 Spey River，目前 Aberlour 蒸餾廠的水源已改用由 Benrinnes 山所流下來的山泉，屬於硬水。

Aberlour 酒廠最早於 1826 年由 James Gordon & Peter Weir 建立，後來不幸遭遇大火吞沒了大部分的設備，1879 年再由 James Fleming 將酒廠重新復建。酒廠在 1945 年被 S. Campbell & Sons Ltd 收購之前已幾經易手，現在隸屬 Chivas 集團，也就是 Perond-Richard（保樂力加）集團。

該酒廠位於斯佩賽區的中心，是蘇格蘭威士忌原料大麥的產地，蒸餾器的形狀又長又寬，製造出酒質均衡香醇呈琥珀色，口感多層次的威

酒廠資訊

地址：Aberlour,Banffshire,AB38 9PT

電話：+44 (0) 1496 302244

網址：www.aberlour.com

士忌。一直以來法國人對 Aberlour 最情有獨鍾，因此很多罕見的原酒系列只限定在法國銷售。我個人最喜歡他們的雪莉桶系列，以斯佩賽區的風格而言，Aberlour 的酒體比較厚重，雪莉桶呈現出獨特的馥郁與高複雜度、口感更為華麗，值得喜歡雪莉風味的威士忌迷嘗試。

我去過這家酒廠三次，每次都有些微改變，第一次他們使用的是奧瑞崗木製作的發酵槽、第二次改成不鏽鋼材質、第三次又換回奧瑞崗木。原本認為不鏽鋼材質比較好清洗，但後來發現不利於酵母菌的熟成，木頭有紋路，雖然清洗不易而讓酵母菌會殘留在木頭中，其實那些是好東西。他們在發現不鏽鋼材質發酵槽酒的味道有點改變後，於是又改回使用木頭。我發現原來製作威士忌跟中國人泡茶的概念很像，中國人養壺，也是老壺泡出來的味道更香醇好喝。

酒廠也開放讓遊客自行裝瓶自己喜歡的酒與封酒、貼上自己的酒標以及手寫自己的名字，DIY 製作屬於自己的一瓶酒，非常有趣好玩。

Aberlour 12 Years Old

香氣：紅蘋果香、太妃糖、柑橘、葡萄柚、巧克力與細緻的木桶香氣。

口感：口感圓潤，帶有渾厚的雪莉酒與熱帶水果的口感。

尾韻：中長，尾段帶有淡淡的溫暖煙燻口感。

C/P 值：●●●●○

價格：NT$1,000～3,000

Aberlour A'bunadh

香氣：柑橘、杏仁糖、香草、橡木、蜂蜜與堅果的香氣。

口感：口感厚實微甜，有太妃糖、黑櫻桃、橘子與黑巧克力口感！

尾韻：中長，尾段有細緻的巧克力的香氣。

C/P 值：●●●●○

價格：NT$1,000～3,000

斯佩賽區泥煤味最濃郁的酒款
Ardmore
亞德摩爾

　　Ardmore 酒廠是由 William Teacher's &Sons 有限公司創建於 1898 年，當初成立的目的是為了要確保自有品牌 Teacher's Highland Cream 調和式威士忌有足夠的原酒來源。1955 年酒廠增加蒸餾器數量到 4 台、1974 年又增加到 8 台，目前年產量達 520 萬公升，堪稱是東高地區規模最大的蒸餾廠。

　　目前酒廠由 Beam Global Spirits & Wine 公司所有，主要提供 Teacher's 及 Ballantine's 調和式威士忌以及其它裝瓶廠威士忌做為基酒使用，有時在市場上也可以看到這品牌的原廠 Ardmore Traditional Cask。酒廠的特色是少數出版泥煤味的斯佩賽區酒廠，過去一直採用傳統的炭火加熱，接近中度泥煤，但是喝起來卻又不那麼濃烈，屬於淡淡的煙燻味，非常有特色。

酒廠資訊

地址：Kennethmont, Huntly, Aberdeenshire, AB54 4NH

電話：+44 (0)1464 831213

網址：www.ardmorewhisky.com

推薦單品

Ardmore 46%

香氣：淡淡的煙燻與火藥香氣，沖泡過的茉莉花茶、熟成
李子，氣味年輕且清新。

口感：煙燻味再次出現，像是在蘋果園裡以蘋果樹的木頭
起火，並以餘燼溫烤著蘋果。

尾韻：偏短，酒齡年輕還留有酒精些許的刺激味道在口中。

C/P 值：●●○○○

價格：NT$1,000～3,000

Balvenie

百富

Balvenie 酒廠屬於 William Grant & Sons 公司，於 1886 年由 William Grant 設立、1892 年重新建造 Balvenie New House，有些設備還購自於 Lagavulin 和 Glen Albyn。一百多年來經歷五個世代的製酒經驗，Balvenie 現在是全球排名前 10 名的品牌與威士忌酒廠，並且著重在木桶的工藝，他們的首席釀酒大師 David Stewart 任職超過半世紀，是業界任職最久的威士忌大師。他的專業幾乎已經到達爐火純青的境界，近年來酒廠還直接將這為大師推選為品牌大使四處周遊列國宣傳，也曾經來過台灣。生產出的酒量少但精緻，核心酒包含 Double-wood 12 年、Signature 12 年、Single Barrel 15 年等都深受台灣人歡迎，有著極佳的銷售量。

這間酒廠是蘇格蘭唯一將所有威士忌製作過程都完整在酒廠內製作完成的品牌。這令人想到艾雷島上的 Kilchoman 也是全部自製，但是 Balvenie 不只如此，還擁有自己的製桶工廠！

依照 Balvenie 官網的說明，酒廠內有 4 位負責麥芽發芽的技術人員、3 位負責碾碎過程、3 位負責發酵桶、3 位負責蒸餾；而 Balvenie 也是唯

酒廠資訊

地址：Balvenie Maltings, Dufftown, Scotland, AB55 4BB

電話：+44 (0) 1340 822 210

網址：tw.thebalvenie.com/

一堅持自己栽種大麥、以傳統地板發芽方式製作麥芽、仍僱用酒廠專屬銅匠和桶匠、到今日仍手工製作麥芽威士忌的酒廠。從泉水、空氣、發芽樓面、烘烤窯、發酵大桶、醪桶、蒸餾室、製桶、倉庫等一應俱全！這當中的細節，更是其它酒廠不能比擬的，像是雇用專職的銅匠看顧蒸餾器、雇用專職的桶匠照料所有儲存酒的木桶等等，這都是為確保 Balvenie 出品的酒質穩定與控管，當然也是對自家的傳統技藝和管理有相當的自信！

去過這麼多酒廠，如果只能推薦一家必參觀的酒廠，我首先推薦就是這裡。如同他們的一條龍製酒理念，這家酒廠的導覽是最完整的。而且要先預約才能參觀、控管人數至多 10 到 15 人，導覽過程中可以體驗翻麥、也看得到烘烤的過程。整趟導覽最令人驚艷的是他們控管自家木桶品質的製桶工藝，讓我想到古時候製作威士忌的榮景。他們維持傳統工法但又加入現代化技術和經驗，實在是一家傳統與現代兼具的酒廠，完全自給自足不依靠別人。

推薦單品

The Balvenie Double Wood 12 Years Old

香氣：西洋梨、甜瓜、柑橘、雪莉酒的香氣、蜂蜜、香草與堅果香氣交互鋪陳。

口感：口感柔順，堅果、肉桂、黑巧克力、西洋梨，以及雪莉酒融合而成的美妙口感。

尾韻：悠長，尾段有一股細緻的橡木桶與柑橘的氣味。

C/P 值：●●●●○

價格：NT$1,000 ～ 3,000

The Balvenie Roasted Malt 14 Years Old

香氣：熱帶水果、花香、蜂蜜氣味，並充滿燻烤大麥的香氣。

口感：口感厚實，麥芽糖、太妃糖、橘子果醬、蜂蜜與橡木單寧的風味。

尾韻：尾韻悠長，尾段帶有一點辛辣的橡木氣味。

C/P 值：●●●○○

價格：NT$3,000 ～ 5,000

The Balvenie Single Barrel 15 Years Old

香氣：香草、蜂蜜，些許花香與細緻橡木的氣味。

口感：口感濃郁，充滿蜂蜜般的麥芽口感，並伴隨有香草、橡木與西洋杉的氣味。

尾韻：悠長，尾段帶有淡淡甘草味。

C/P 值：●●●○○

價格：NT$1,000 ～ 3,000

創新的冒險家
BenRiach
班瑞克

BenRiach 成立於 1897 年，由 John Duff 創立，他同時也是 Longmorn 酒廠的創立者，兩家廠相距不到 500 米，從創立之初就由一條鐵路線連接在一起，並由公司自己的蒸氣式火車在兩廠之間運輸煤炭、大麥、泥炭和酒桶。BenRiach 酒廠生產威士忌只有短短幾年時間，1903 年就關閉了，但仍繼續為 Longmorn 酒廠提供發芽的大麥。1965 年 The Glenlivet Distillers Ltd. 公司重新恢復了 Benriach 酒廠運作，1978 年被 Seagram Distillers 收購、1983 年生產泥煤煙燻威士忌。幾經轉手後，2004 年由現任擁有者 Benriach Distillery Co. 接手，從而 Benriach 威士忌也隨之成為了威士忌品牌中重要的成員。

基本款核心酒為 Heart of Speyside 12 年、16 年以及 20 年。老闆 Billy Walker 是一個創新的人，像這樣在斯佩賽的小酒廠要在全球威士忌的競爭中生存不容易，於是 Billy 將市場開發到蘇聯獨立國之一的哈薩克，2009 年首次運送了 500 桶酒到這個全世界面積第 9 大國去。除此之外，Billy 近年來做了很多創新性的換桶，用了紅酒桶、蘭姆酒桶、混合

酒廠資訊

地址：Longmorn, Near Elgin, Morayshire IV30 8SJ

電話：+44 (0)1343 862888

網址：www.benriachdistillery.co.uk

波本桶等許多實驗性質的換桶方式混搭，調配出多樣、奇特風味的威士忌。也曾在
2005 年、2006 年兩屆「國際葡萄酒與烈酒大賽（ISC）」與「國際列酒競賽（IWSC）」
世界大賽中，囊括金銀銅牌，同時也獲得了 Malt Maniacs Award 2006 的金牌與銀牌。

　　雖然這樣的換桶方式很新穎，有一些威士忌迷也覺得很新鮮會去嘗試，但我卻
覺得這種換桶方式目前不是那麼適當。現今蘇格蘭製作威士忌的工藝裡面，他們最
能掌握的是雪莉桶和波本桶。換桶還在實驗性質，尚未到達爐火純青的狀態，尤其
是這樣的小酒廠去做換桶，沒有口碑的累積、酒廠內的 Tasting 時間也不足，就像是
直接拿消費者做測試，受歡迎就算成功，賣得不好該換桶風味就會被放棄。若消費
者第一次買他們品牌酒廠的酒，買到的是奇特風味桶的威士忌、而該威士忌之後沒
有產了，對銷售而言風險頗高，也容易被錯判與定型。目前，BenRiach 最熱賣的還
是他們的基本款，傳統的斯佩賽麥芽風味，另帶有奶油味。

BenRiach 12 Years Old

香氣：麥芽的香甜、蜂蜜、香草、花香與熱帶水果，搭配清新的橡木香氣。

口感：酒體中度渾厚，濃郁的蜂蜜太妃糖味道奶油、香草冰淇淋及巧克力味。

尾韻：中長，尾段帶有淡淡香草牛奶及柑橘氣味結尾。

C/P 值：●●●○○

價格：NT$1,000 ～ 3,000

BenRiach Tawny Port Wood Finish 15 Years Old

香氣：法國乳酪、蜂蜜、肉桂及椰子味與濃郁的波特酒及橡木桶香氣合諧的融合在一起。

口感：太妃糖、雪茄菸葉、肉桂、桃子及熟成葡萄的味道與橡木氣味完美呈現。

尾韻：悠長，尾段可以清楚感受到波特酒的風味。

C/P 值：●●●●○

價格：NT$1,000 ～ 3,000

雜貨店傳奇
Benromach
本諾曼克

Benromach 在蓋爾語中的意思是「Shaggy Moutain：草木叢生的山」。成立於 1898 年，之後幾經轉手，1993 年 Gordon & McPhail 從 United Distillers 買下，是目前蘇格蘭少數由獨立公司所經營的酒廠。Benromach 是斯佩賽區規模最小的蒸餾廠，只有配備 1 組蒸餾器、也只有 2、3 人在運作整個製作流程，年產量只有 50 萬公升。

2009 年首批核心酒 Benromach 10 年上市，這是 Gordon & McPhail 家族入主後第一批生產、裝瓶的酒，另有一系列其它酒款，例如：Traditional 21 年、25 年、Cask Strength 1981 與 Vintage 1968 以及一些 Benromach Classic 55 年、Madeira Wood Finish 的限量版。

酒體喝起來很符合一般斯佩賽風格，清爽和麥芽、蜂蜜的甜味。雖然這是斯佩賽最小的酒廠，可是這小酒廠卻有一個非常富有的富爸爸！Gordon & McPhail 家族是一個在斯佩賽區頂頂大名的雜貨店！或許你會想，連鎖商店不都是具備一定財力？可是這家族只有一家雜貨店，並不是連鎖。它是全蘇格蘭雜貨與酒吧、商店的威士忌大經銷商，還擁有一

酒廠資訊

地址：Invererne Rd, Forres, Morayshire IV36 3EB

電話：+44 (0) 1309 675968

網址：www.benromach.com

家裝瓶廠，地位在蘇格蘭很特殊，早期賣了很多面子給蘇格蘭的酒廠們，許多酒廠都跟他們借過錢與直接交易，連 Macallan 都曾經跟他調過錢，做生意做到 Macallan 都跟他調錢以及買下一間蒸餾廠，就知道這家族在蘇格蘭多有勢力！

另外值得一提的是這家族的裝瓶廠很厲害，不但存有很多老酒，也是少數可以跟 Macallan 取原酒的裝瓶廠。這是當初他們借錢給 Macallan 的交易條件，至今每當 Macallan 發現自家缺乏老酒時，也會去跟他們買回來從前釀造的老酒。不禁佩服這家族真的太會經商，相信 Benromach 在這家族的庇蔭之下，假以時日一定會有一番作為！

推薦單品

Benromach 10 Years Old

香氣：一開始的香氣芬芳，有麥芽甜味、大妃糖、松脂油，之後發展出濕泥土與潮溼森林的氣息。

口感：順口如絲，一點的油脂感與甜美的麥芽味，薄荷的風味更增添了原本的甜味，接著還有杏仁糖和溫和的辛香味道。

尾韻：中長，變得比較不甜，不過感覺依舊柔雅細緻。

C/P 值： ●●○○○

價格： NT$1,000 ～ 3,000

Johnie Walker 的心臟酒廠
Cardhu
卡杜

Cardhu 為蓋爾語，原意為「黑色巨石」，這是形容當時位在斯佩賽河谷附近名為 Ben Rinnes 的小山丘，跟 Knockando 與 Tamdhu 比鄰而居。

走私販 John Cumming 於 1811 年在 Knockando 開始了莊園耕作與製酒，從前的蘇格蘭製酒，許多都是非法製酒，直至 1824 年，John Cumming 才正式拿到 Cardhu 蒸餾廠的釀酒執照。John 過世後，他的子孫仍然進行莊園耕作並請佃戶來釀製威士忌，到 1872 年他的媳婦 Elizabeth Cumming 接管時買下了莊園附近的一塊地，於 1884 年建立了一座新酒廠取代舊的。1893 年被 John Walker & Sons Ltd 收購，1930 年跟著該公司一起併入了 Scottish Malts Distiller（簡稱 SMD）門下。1960~1961 期間，酒廠改建並將蒸餾器由 4 支增加到 6 支。之後隨著 SMD 併入 Diageo（帝亞吉歐）集團後，2002 年集團將酒廠產出的單一純麥威士忌與其它酒廠調和製成純麥威士忌銷售。1990 年代酒廠曾經關閉，直到 2004 年重回市場只銷售單一純麥威士忌。除此之外，200 年來 Cardhu 成為 Johnnie Walker 調和威士忌產品最重要的原酒之一，Johnnie Walker 各種酒款中有

酒廠資訊

地址：Knockando, Banffshire, AB38 7RY

電話：+44 (0) 1479 874635

網址：www.discovering-distilleries.com/cardhu

2010/09/16

70% 的基酒都來自於這裡。

Cardhu 酒廠每年生產 300 萬公升的原酒，同時是 Diageo 集團內單一純麥威士忌銷量最好的酒廠，比集團內單一純麥威士忌銷量第 2 高 Talisker 更多出兩倍，同時也排名世界第 6。在這麼可觀的銷量中，有 75% 是銷到西班牙，最近才開始進入台灣市場。

我去過這家酒廠兩次，第一次去的時候看到整個 Johnnie Walker 的陳列架，比較像是 Johnnie Walker 酒廠，同時也表示 Cardhu 在 Johnnie Walker 的地位。再度重遊時，整個遊客中心就呈現得比較偏重 Cardhu 自己出的單一純麥威士忌。

Cardhu 酒體優雅乾淨，在製作過程中的發酵時間比其它酒廠要長，可以讓各式味道得到更平衡的混合，因此被集團這麼重視。我很喜歡他們的雪莉桶酒款，並沒有像一般斯佩賽區一樣，麥芽甜味被雪莉桶蓋過，有很輕柔的麥香甜味，不是一般想像的厚重，有其細緻的一面。

推薦單品

Cardhu 12 Years Old

香氣：細緻的橡木香氣伴隨些許青蘋果、西洋梨，以及麥芽甜味。

口感：口感圓潤，熱帶水果香味、蜂蜜與堅果香甜呈現出的豐富口感。

尾韻：中長，香草與肉桂氣息在口中慢慢散發出來。

C/P 值：●●●●○

價格：NT$1,000 以下

蘇格蘭第一間採用火車運輸的酒廠

Cragganmore

克拉根摩爾

　　Cragganmore 的蓋爾語意思為「The Big Rock」，酒廠在 1869 年由 John Smith 創立，成立的同時，John Smith 同時已經在經營 Ballindalloch 與 Glenfarclas 兩家酒廠，而他的父親就是鼎鼎大名成立 Glenlivet 酒廠、並取得第一張合法執照的 George Smith。在 1886 年 John Smith 去世一年後，Cragganmore 也成為蘇格蘭第一間採用火車運輸的酒廠，因此名氣十分響亮。之後幾經股權轉移與酒廠併購過程中，最後成為 Diageo（帝亞吉歐）集團的一員。

　　該酒廠最特殊之處是蒸餾器的設計，尺寸小而頸部窄，頂部居然是平的，林恩臂則從側面分支出來。這種設計可增加酒的回流量，目的在於得到較溫和、柔細的風味，採用傳統蟲桶冷凝來增加酒質重量，但又是極特殊的方形。

　　Cragganmore 名列在原始「Classic Malts」的一員，每年銷售 35 萬瓶。近代以來，近 30% 酒廠的產量供作 Single Malt 使用，有很大部分作為 Old Parr 和 White Horse 調和用途。我本身很喜歡 Cragganmore 的單一純麥，屬於中規中矩且實在的斯佩賽風格，不強調華麗帶有淡淡煙燻味。

酒廠資訊

地址：Ballindalloch, Banffshire AB37 9AB

電話：+44 (0)1479 874700

網址：www.discovering-distilleries.com/cragganmare

推薦單品

Cragganmore 12 Years Old

香氣：輕柔草本和青草氣味，伴隨著柔和橡木香氣、青蘋果、西洋梨與淡淡的巧克力香氣。

口感：中度酒體，柔和的橡木氣味與柑橘味道融合呈現，淡淡的黑巧克力味道很細緻。

尾韻：中長，尾韻有一絲絲青草的氣味。

C/P 值：●●●○○

價格：NT$1,000 ～ 3,000

有個知名 Malt Bar 的好鄰居
Craigellachie
克萊葛拉奇

Craigellachie 建立之初正好趕上 19 世紀末調和威士忌興起之際，當年蒸餾廠紛紛與調酒師建立合作關係，固定提供原酒、配合調酒師們製作各種不同風味的調和威士忌。Craigellachie 在此時就成為許多調和威士忌的重要核心，像是 White Horse 和之後的 Dewar's 等等。

水源來自有名的 Spey 河，使用腰圍粗大的蒸餾器以及前臂式過濾器與傳統的蟲桶冷凝，確保酒廠強烈的特色，厚實且帶有水果風味。

而在距離酒廠不遠處有一間 Craigellachie Hotel，這間可是所有單一純麥威士忌愛好者去參觀斯佩賽區時，若經濟能力負擔得起必住的地方！Craigellachie Hotel 擁有全世界沒有前 3 名至少也是前 5 名的 Malt Bar，尤其是斯佩賽區域酒款的收藏非常的厲害，不管多貴的酒，只要你點，都能夠出單杯酒給客人喝，甚至可以在那邊喝到 Macallan Vintage 的珍藏老酒版本！雖然價格並不平易近人，但飯店裡的餐廳也是斯佩賽區最好吃的，通常只要有重要貴賓來訪，這附近的酒廠都會帶客人到那裡用餐。而這間 Hotel 還有出自己裝瓶的威士忌，非常的有意思，相較於 Craigellachie 酒廠，Craigellachie Hotel 可是比酒廠出名多了！

酒廠資訊

地址：Craigellachie, Aberlour, Banffshire, AB38 9ST, Scotland
電話：+44(0)1340 972971

推薦單品

Craigellachie 2002 8 Years Old

香氣： 強勁香甜帶點香草、焦糖布蕾和蘋果裹太妃糖，橡木桶的影響偏重，加水後還出現木屑和香蕉的香氣。

口感： 甜美帶有緊繃的橡木，入口感覺柔和，而且平衡度比香氣表現來的好。

尾韻： 稍短，有些嗆辣。

C/P 值： ●●●○○

價格： NT$1,000 ～ 3,000

編按：作者評薦為 2002 年到 2010 年版本。

完善有趣的威士忌博物館
Dallas Dhu
達拉斯杜

Dallas Dhu 蓋爾語意思為「黑水谷」。酒廠於 1983 年關閉，但是整個酒廠設備被保留，成為一個完善有趣的「威士忌博物館」。

Dallas Dhu 酒廠建於 1898 年，是由來自格拉斯哥的 Wright & Greig 與 Alexander Edward 聯合成立的。廠房邀請到在麥芽威士忌迅猛發展的 19 世紀 90 年代後期，設計及建造許多廠房的資深設計師 Charles Doig 設計，但市場日趨飽和，於是眾多酒廠的狀況也漸漸走下坡而日益蕭條，許多廠還被迫停業關閉。此時的 Dallas Dhu 卻日益發展壯大，1919 年他被 J.R.O'Brien & Co. Ltd. 收購，1921 年起所有權被 Benmore Distilleries Ltd. 買下，1929 年又被納 Distillers Company Ltd. 旗下。

Dallas Dhu 關廠後，由蘇格蘭古蹟建築管理處收購重新整理後，1988 年以威士忌博物館的形式重新開放，成為一個著名的景點，可以完整的遊歷參觀傳統蒸餾廠的實景。雖然已經沒有在運作，所有的設備一樣都不缺，頭還可以伸進去發酵槽裡看個清楚。過去的威士忌多用在 Benmore 調和威士忌，Dallas Dhu 的一些存釀已由聯合酒業集團瓶裝，做

酒廠資訊

地址：Forres IV36 2RR

電話：+44 (0)1309 676548

網址：www.dallasdhu.com/

為他們珍品麥芽威士忌選粹系列的一部份,這些威士忌只有在一些專業酒類店中可以見到,但是價格相當不匪,不過這些酒在是酒廠內也可以買到。酒體風格屬傳統斯佩賽風格,有蜜甜香,順口香滑。

推薦單品

Dallas Dhu (SMWS 45.22 31 Years)

香氣:麥芽、香草、美國白橡木、西洋梨、青草與淡淡的杏仁香氣。

口感:口感圓潤,有很細緻的麥芽與香草的口感。

尾韻:悠長,尾段有非常優美的香草與美國白橡木的氣味。

C/P 值:●●●●○

價格:NT$5,000 以上

號稱蘇格蘭最高的酒廠
Dalwhinnie
達爾維尼

　　Dalwhinnie 在蓋爾語裡是「集市」的意思，表示廠址位於當時熱鬧的集市邊，那裡南來北往的商販們趕著牲畜來趕集而得名。酒廠位於海拔 327 米，斯佩賽的邊緣，號稱全蘇格蘭最高的酒廠。鄰近 an Doireuaine 小湖，水源流經有泥炭地的山村，最後匯入 Allt an t-Sluie 河，所以酒廠的水源優質純淨。Dalwhinnie 酒廠同時是氣象天文台辦公室所在地，酒廠經理還要負責記錄每日氣象，非常有趣。

　　此酒廠剛開始經營並不成功，不久就被 A.P. Blyth 買下交由其兒子經營。1905 年酒廠以 2,000 美元的價格賣給了美國 Cook & Bernheimer 公司，1920 年又被 James Calder 買下，1926 年被 Distillers Company Ltd 公司收購。經歷了 1934 年的一場大火後，酒廠關閉，直到第二次世界大戰後才重新開業，目前隸屬於 Diageo（帝亞吉歐）集團。

　　這是一家藏匿在高地的山區中的酒廠，開車要開很久，且經過遙遠又荒蕪的山路，沿路上光禿禿的沒有景色而且不容易抵達。由於地勢高又有新鮮泉水，平均溫度只有 6 度，所以使用巨型傳統蟲桶冷凝，酒體很輕略帶泥煤味和青草香。

酒廠資訊
地址：Dalwhinnie, Inverness-shire PH19 1AB
電話：+44 (0) 1540 672219

Dalwhinnie 是 1998 年 Diageo 集團將旗下 27 間酒廠精選出最具代表性的六間酒廠之一，是 Classic Malts 的斯佩賽區代表，可惜很少釋出單一純麥威士忌，製造出來的酒向來是 Buchanan 調和威士忌的基酒。只有一些酒廠限定版，是收藏威士忌的愛好者必定收藏的品項。

推薦單品

Dalwhinnie 15 Years Old

香氣：柔和濃郁的麥芽甜味，有很多的美國橡木特色。淡淡的煙燻氣味、蜜漬檸檬與柔和的香草香氣，各香氣表現的比例都剛剛好。

口感：口感細緻，淡淡的橡木與柑橘味道，香草冰淇淋與檸檬蜜餞的味道柔和的呈現。

尾韻：綿長柔雅。

C/P 值：●●○○○

價格：NT$1,000 ～ 3,000

Dalwhinnie 20 Years Old

香氣：展現出成熟的風味，馥郁香甜帶點些許的火藥硫磺味，接著是蜂蜜、香蕉蛋糕、太妃糖熟蛋糕、烤水果、牛奶糖。

口感：相當的圓潤飽滿且溫柔的，有淡淡的栗子味，源源不絕的辛香味和甜美水果的風味。

尾韻：可惜風味消失的有點太快了些。

C/P 值：●●●○○

價格：NT$5,000 以上

Diageo 集團下產量規模最大的蒸餾廠

Dufftown

達夫鎮

Dufftown 蒸餾廠在 1895 年是由四個好朋友在一個老磨坊所建立起來，當時名字叫 Dufftown-Glenlivet，1896 年 11 月才生產出酒廠的第一桶原酒。之後 100 年間數度易主，直至 1997 年當時的老闆 Guinness 集團與 Grand Metropolitan 集團合併成為 Diageo（帝亞吉歐）集團。

Dufftown 蒸餾廠是 Diageo 旗下 27 家仍在生產營運的酒廠中，產量規模最大的一家。座落在 Dufftown 鎮。擁有 3 對蒸餾器，因為產量需求還繼續增加蒸餾器的隻數，使得 Dufftown 必定是全蘇格蘭最擁擠的蒸餾室之一。近 10 年來 Dufftown 蒸餾廠花了許多時間來改建設備，1998 年的時候，將老式木製發酵槽換成 12 座不鏽鋼發酵槽、舊的發麥室也改建成麥芽汁萃取室。全集團最大產量的蒸餾廠，卻看不太到酒廠出產的單一純麥威士忌裝瓶在市面上。其產量 97% 的 產量都提供給了調和威士忌使用，尤其是集團旗下的品牌「Bell's」。

Bell's 一直是全英國賣得最好的調和威士忌，直到 2006 年才被 Famous Grouse 超越，所以 Dufftown 蒸餾廠，也就一直扮演著 Bell's 品

酒廠資訊

地址：Dufftown, Keith, Banffshire, AB55 4BR

電話：+44 (0)1340 820224

網址：www.whisky.dufftown.co.uk/whisky_trail.php

牌成功與成長的幕後英雄。唯一獨立裝瓶的 Dufftown 15 年是為了 Diageo 集團下 Flora & Fauna 系列酒而推出。2006 年推出 Singleton of Dufftown 包含了 15 年的原酒與歐洲雪莉橡木桶。近年來也陸續推出獨立裝瓶的酒款，其中最近的一支為 31 年，Cadenhead from 1978。

在亞洲 2006 年出版的 Singleton 是來自 Glen Ord 酒廠、美國市場推出的是 Glendullan 酒廠、而在歐洲出版的，就是來自 Dufftown 酒廠。

推薦單品

Dufftown 15 Years Old

香氣：淡雅芬芳的花朵香，明顯的堅果、多汁的蘋果和少許的肉桂香氣。

口感：順口溫和，平衡度很好，有很多杏仁脆餅與綜合堅果盤的味道。

尾韻：意外的不甜且短，微苦，辛辣的風味讓殘留於口中的餘韻暖暖的。

C/P 值：●●●○○

價格：NT$5,000 以上

使用三種不同儲存方式的平衡口感

Glenburgie

格蘭柏奇

Glenburgie 酒廠成立於 1810 年，當時叫做 Kilnflat 蒸餾廠，1870 年 Kilnflat 酒廠關閉，因為 Glenlivet 的名氣 1878 年重新開張時，也曾取名為 Glenburgi-Glenlivet，後來才改稱 Glenburgie 酒廠。酒廠位於 Kinloss 山村上的 Mill Buie Hills 山丘腳下，附近自然環境利於生產品質好的威士忌。

酒廠生產的上等麥芽威士忌主要用於調配 Ballantine 混合威士忌，自家生產的 18 年單一純麥威士忌也多為出口，數量並不多，倒是 Gordon & MacPahil 裝瓶廠出品的各個年份 Glenburgie 威士忌在市場上比較常見。二次世界大戰後，酒廠擴建規模增設了一些蒸餾器，Glenburgie 當時使用的是圓柱狀頸部的羅門式蒸餾器，生產出更有油脂感，更具果香的純麥威士忌，但這些蒸餾器在 1980 年代就已經拆除，所以如果有機會喝到在這個年份之前的酒，一定要好好品嚐。

酒廠的水源是硬水，但製作適合調和威士忌基酒的原酒，最好不要太有個性、均衡一點的原酒比較適合，而要製作均衡威士忌的酒屬軟水比較恰當，於是 Glenburgie 酒廠特別在蒸餾器設置了一個裝置，讓酒體呈現比較細緻、均衡。酒廠主要使用波本桶，放置的倉庫卻使用了傳統

酒廠資訊

地址：Glenburgie Distillery, By Alves, Forres, Morayshire IV36 2QY

電話：+44 (0)1343 850258

地窖式、層架式以及平行式三種不同的存放方式，這三種擺放方式會造成酒桶在存放上有溫差的差異性，於是三種都使用目的是讓酒與木桶的作用可以更均衡。

推薦單品

Glenburgie (SMWS 71.37 14 Years)

香氣： 焦糖布蕾、橘子果醬、巧克力與淡淡的皮革香氣。

口感： 口感圓潤，奶油巧克力、香檳、松露巧克力與淡淡的硫磺味。

尾韻： 中長，尾段有一股淡淡的硫磺氣味。

C/P 值： ●●●○○

價格： NT$5,000 以上

White Horse 的故鄉
Glen Elgin
格蘭愛琴

1898 年，William Simpson 與 James Carle 於 Spey 河畔區的 Elgin 小鎮附近成立了 Glen Elgin 酒廠，剛好碰上經濟衰退的浪潮，才營運半年後、1900 年就撐不下去，隔年便以 4000 鎊的價錢賣出。之後幾經轉手易主，1930 年由 Scottish Malt Distillers（簡稱 SMD）購入。由於酒廠完全使用水車作為動力來源，直到 1950 年才接電，酒廠原有的 2 座蒸餾器在 1960 年代擴充至 6 座。雖然知名度不大，但卻是很不錯的蒸餾廠。一直以來為 White Horse 威士忌最主要的原酒供應廠之一。現在酒廠屬 Diageo（帝亞吉歐）集團所有，並被 Diageo 視為是旗下最能展現斯佩賽特色的蒸餾廠。過去都只用於調和威士忌，2002 年開始，Diageo 曾在台灣推出 Hidden Malts 四款單一純麥威士忌，Glen Elgin 便是其中之一，現在也是 Diageo 強打的 Classic Malts 之一。

使用傳統的蟲桶冷凝，連接著一個小型的蒸餾器，發酵期間長且處於低溫，蒸餾程序緩慢，蟲桶保持溫熱，酒體因而增加了質感，香氣非常豐富、集花香、成熟的果香於一身，有著複雜的層次。

蘇格蘭人熱愛自己的土地，在蘇格蘭每一塊土地都有其獨特的名產，如同他們家族有自己的徽章與標誌一般，不管植物或動物，2011 年，

酒廠資訊

地址：Longmorn, Elgin, Morayshire, IV30 3SL

電話：+44 (0)1343 862100

Diageo 集合了 26 家酒廠推出了 Flora & Fauna 系列，Flora 指對當地原生植物生態的
記錄與區分、Fauna 則是對動物種屬的區分及記錄，Glen Elgin 酒廠也是其中之一。

推薦單品

Glen Elgin 12 Years Old

香氣： 蘇格蘭早餐中燕麥穀物片，清新麥芽甜味、煙燻風
味哦濃縮咖啡和蜂蜜的香氣。

口感： 豐郁圓潤帶有麥芽糖、蜂蜜與淡淡一股烤葡萄乾吐
司抹上鹹味奶油的味道，以及些微的提拉米蘇。

尾韻： 長度很適中，有大麥和烘烤燕麥的風味。

C/P 值： ●●●●○

價格： NT$1,000 ～ 3,000

全球銷量最大酒廠
Glen Grant

格蘭冠

Glen Grant 誕生於 1840 年，由 John and James Grant 兄弟取得執照，並選擇在擁有釀造威士忌所有基本原料優勢的 Spey 河畔大麥原附近設立酒廠，此時，私人蒸餾廠已經合法化。1872 年，格蘭冠蒸餾廠的創辦人逝世，由始終對於蒸餾廠保持熱衷興趣的 James Grant 少校，繼承了蒸餾廠的事業及 Glen Grant 這個名號，而日後也證明了他的確是位可敬與成功的繼承者。

格蘭冠的創辦人之一 James Grant 為了給消費者最單純、自然的口感，親自設計獨特的蒸餾機，他在蒸餾器上加入了其它蒸餾廠極少見的純淨器。純淨器在威士忌蒸餾的過程中可以排除多餘的雜質讓它們再蒸餾之外，同時也藉此在這個過程中搜集最純淨的蒸氣酒液，也因為如此，所蒸餾出的酒液極為純淨、清新，並且富含果香氣味。James Grant 也改良了蒸餾機的頸部，讓蒸餾機頸部加長且變細，使得蒸餾時蒸氣可以充份循環，讓酒質口感格外輕盈，不會有沉重的厚重感而顯得圓潤順口。酒廠產量很大，或許可以說是全球銷量最大的酒廠，主要銷法國與義大

酒廠資訊

地址：Rothes, Aberlour Scotland, AB38 7BS

電話：+44(0)1340 832 118

網址：www2.glengrant.com/zh-tw/home-page.aspx

利居多，其官方網站很難得的有 5 種語言，更有台灣專屬的繁體中文版本！酒體口感輕盈之外，就如同酒標上寫的，口味有著濃郁但不膩的果甜香。

　　而 James Grant 少校則是一位傳奇的發明家、旅行家，依他自己的規則生活，設立他自己的標準，他為新的創意點子著迷，也從不放棄發現它們。他是第一位在蘇格蘭高地擁有車子的人，格蘭冠蒸餾廠也是第一個擁有電力的釀酒廠，他沿用 James Grant 改良高而修長的蒸餾機並採用特製的純淨器，製造出今日 Glen Grant 有著清新純麥風味與色澤。他始終相信：「單純自然，是享受威士忌最好的方法。」蘇格蘭高地向來有三寶之說：純淨的空氣、豐沛的陽光與清甜的水源，相信這必定是 Glen Grant 威士忌之所以有著獨特清新的金黃色澤與醇淨口感的最大原因。

推薦單品

Glen Grant 14 Years Old, Cask Strength

香氣：草本植物、花香、橘子、蜂蜜、葡萄柚與杏仁的香氣。

口感：口感輕柔，淡淡的花蜜與綜合水果的口感。

尾韻：中長，尾段有淡淡的杏仁牛奶的氣味。

C/P 值：●●●●○

價格：NT$3,000 ～ 5,000

Glen Grant 5 Years Old.

香氣：細緻的麥芽香、柔和的香草香氣與淡淡的堅果氣味。

口感：口感輕柔細緻，奶油、麥芽糖與綜合堅果的口感。

尾韻：很可惜尾韻偏短。

C/P 值：●●●○○

價格：NT$1,000 以下

Glen Grant 1992 Cellar Reserve

香氣：熱帶水果、水仙花、杏仁牛奶與細緻的草香味。

口感：口感柔順，花蜜、堅果與烤布丁的味道。

尾韻：中長。

C/P 值：●●●●○

價格：NT$1,000 ～ 3,000

來趟深度蘇格蘭蒸餾廠之旅吧！
Glen Moray
格蘭莫瑞

Glen Moray 酒廠位於著名威士忌產區斯佩賽區首都 Elgin City 裡的 Lossie 河岸，自 1897 年以來便專注於生產高品質、有著斯佩賽產區特色的麥類威士忌，至今已經超過了百年以上歷史。今日的 Glen Moray 已經成為英國本土市占率前五大的蘇格蘭單一純麥威士忌，且酒廠因生產具斯佩賽特色的威士忌而廣為業界專家所熟悉。高品質的強烈印象也使得出口市場的需求年年增加。

Glen Moray 生產之威士忌多採用北美地區的波本橡木桶熟成，讓木桶幫助威士忌融入香料的特性，擁有豐富多變的味道、順口及圓融的口感。除有不同年份的威士忌產品以外，另有標示特殊年度的威士忌產品，相當受到酒評家的肯定。

近幾年，Glen Moray 做了一些改變，也締造了許多讓人欽佩的成績。首先，他們不再繼續使用葡萄酒風味桶，改選擇波本桶和部分雪莉桶，同時成立了一個現代化的遊客中心與遊客、消費者直接溝通。在酒款本身的改造方面，Macdonald and Muir Ltd.（麥克唐納和穆爾公司）最初在

酒廠資訊

地址：Bruceland Rd Elgin,Morayshire IV30 1YE

電話：+44 (0)1343 550900

網址：www.glenmoray.com

Glen Moray 實驗它的風味桶，之後又在 Glen Moray 推廣到商業運用。他們在 1999 年推出了夏多內和白蘇維翁風味桶受到大家的關注，也出品了許多屢獲高分的年份酒款。

當遊客到 Glen Moray 參訪時，嚮導有可能是其中一位負責操作與監控蒸餾器的技師或師父，甚至有可能是酒廠的負責人 Graham Coull 親自帶訪客參觀與體驗釀酒廠。如此做是為了顯現每一位嚮導都是真正懂得威士忌製造過程的專家，讓我們感受到酒廠專業與認真的文化。因此，遊歷 Glen Moray 酒廠時可以更瞭解水和大麥是如何融合成為完美的佳酒，很適合想要來一趟深度蘇格蘭蒸餾廠之旅的達人。

推薦單品

Glen Moray Rare Auld 1987 23 Years Old

香氣：大麥糖、泡有柑橘和大麥的水，以及些許的杏仁；香氣迷人，但是香氣表現皆有點延遲。

口感：帶點油脂感，有榛果、櫻桃籽和橘子果醬、太妃糖。

尾韻：很可惜尾韻短了一點。

C/P 值：●●○○○

價格： NT$5,000 以上

百分之百的雪莉風
Glendornach
格蘭多納

　　這個酒廠位處偏僻的山區，稅務官來廠檢查不易，所以多年來其釀酒生產都未取得合法的許可。1826 年第二代廠主 James Allardice 及其同伴取得了合法釀製威士忌的許可證，所以至今 GlenDronach 的酒桶上仍然貼著寫有 Allardice 首寫字母 AL. 的標籤。1960 年酒廠被 William Teacher & Sons Ltd. 收購，此後 GlenDronach 釀製的大部分麥芽威士忌都用來生產調和威士忌使用。

　　Glendornach 酒廠坐落在 Aberdeen 和高地首府 Inverness 中間、大約離 Huntly 城 10 英里的外圍，經營權在兩百年間幾經更迭，不變的是始終保持以雪莉桶熟成威士忌的傳統。2008 年 8 月，Billy Walker、Geoff Bell & Wayne Keiswetter 再度從 Pernod Ricard（保樂力加）集團手中購得酒廠的經營權。自此，Glendornach 恢復為獨立酒廠，並重新被賦予新生命。

　　Glendornach 的酒倉設置為依循古法的鋪地式設計，由於堆疊的高度低，可維持傳統接近土壤地面，比起今日常見的貨架式堆疊倉庫，更能提供威士忌穩定且良好的熟成環境，而陳釀出優質細緻的斯佩賽區風格、

酒廠資訊

地址：Forgue, Aberdeenshire AB54 6DA

電話：+44 (0)1466 730202

網址：glendronachdistillery.com

雪莉桶風味的單一純麥威士忌。Glendornach 對於傳統製程的堅持，一直到 1996 年仍維持地板發麥的傳統。蒸餾器在 2006 年才放棄使用煤炭直火加熱，改為常見的內部蒸氣加熱，而現今新產出的單一純麥威士忌。則絕大部份使用雪莉桶做為熟成的橡木桶來源。

Glendronach 酒廠位於蘇格蘭高地地區的正東面，靠近威士忌主產區斯佩賽的最東端，因而 Glendronach 威士忌具有某些斯佩賽的特徵，所以一些威士忌專家對於 Glendronach 是要歸類於斯佩賽或者是高地區，是有所爭議的。個人還是傾向把它擺在斯佩賽區內。

從 Aberdeen 出發到 Glendronach 是很棒的旅遊路線，沿途是蘇格蘭一些古老卓越的建築和城堡所在地，到 Glendronach 酒廠參觀會幸運的看到保持原貌的莊園耕作景象，是個難得的體驗。

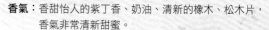

推薦單品

Glendronach Virgin Oak 14 Years Old

香氣：香甜怡人的紫丁香、奶油、清新的橡木、松木片，香氣非常清新甜蜜。

口感：口感濃郁深沈，有淡淡薑的味與些微的木屑和松針味，表現偏甜。

尾韻：中長。

C/P 值：●●●○○

價格：NT$1,000 ～ 3,000

Glendronach Moscatel 15 Years Old 1995

香氣：淡淡的堅果帶有些許的甘草、亮光漆和油脂味，接著轉為輕輕的皮革氣味，最後又回到水果的甜香。

口感：甜的令人沈醉，質地飽和感覺像是藍莓果醬，成熟且芬芳就像是利口酒般。

尾韻：中長，有果醬的感覺。

C/P 值：●●●○○

價格：NT$1,000 ～ 3,000

美規版 Singleton 的基酒

Glendullan

格蘭都蘭

1896 ～ 1897 年間，Glendullan 酒廠於由調和威士忌酒商 William William & Son 於斯佩賽的 Dufftown 鎮成立，1902 年被推入皇室，深受愛德華七世所喜愛，這項榮耀還記在酒桶上好些年。1930 年酒廠轉入 Scottish Malt Distillers（簡稱 SMD）公司，後隨著公司轉入 Diageo（帝亞吉歐）集團。1972 年，新的酒廠建在附近，新舊蒸餾器一起運作到 1985 年舊的酒廠才正式關閉。這段期間，這兩座蒸餾廠生產的酒可能都混在一起，所以如果有機會喝到這當中年份的酒，便很有可能喝到舊的蒸餾廠蒸餾出的酒，相信會非常有趣。

當時的斯佩賽威士忌釀造與酒廠產業鼎盛，小小的 Dufftown 就有七家酒廠，當時流傳一句諺語：「Rome was built on seven hills and Dufftown stands on seven stills.」而 Glendullan 就是這七個原始蒸餾廠之一。現在，Glendullan 是集團 Diageo 旗下最大的蒸餾廠之一，年產量 360 萬公升。

在單一純麥威士忌的市場裡，美國似乎總是最晚被納入的市場，有些單一純麥威士忌甚至不會過去那麼遠的地方。所以，Singleton 特別針對美國消費者推出的單一純麥威士忌獲得美國的喜愛，裡面的重要基酒，就是來自於 Glendullan。酒廠供應包括 Dewar's、Bell's、Johnnie Walker 以及 Old Parr 等調和式威士忌的基酒。

酒廠資訊

地址：Glendullan Distillery, Dufftown, Keith, Banffshire AB55 4DJ

電話：+44 (0)1340 820250

推薦單品

Glendullan 1978, 26 Years Old, Rare Malts Selection, 56.6%

香氣：乾果物、西洋梨、柑橘皮、蘋果裹太妃糖，接著是一片厚切的薑味麵包、焦糖糖漿和辛香的橡木香氣。

口感：細緻的焦糖奶油、消化餅乾、純淨的柑橘、橘子果醬、奶香卡布其諾與肉豆蔻。

尾韻：中長，尾段有微甜的麥芽味。

C/P 值：●●●○○

價格：NT$5,000 以上

威士忌饕客的夢幻酒款
Glenfarclas
格蘭花格

    Glenfarclas 是蘇格蘭酒廠中，屬於第二古老家族擁有且經營的酒廠。原始的酒廠由佃農 Robert Hay 成立於 1836 年，1865 年由 John Grant 和他的兒子 George Grant 接手買下，並成立 J & G Grant 公司。

    於處於酒廠密度高的斯佩賽區域，Glenfarclas 可以以家族經營之姿至今屹立不搖，確有其特殊之處。首先水源來自於自然的湧泉，在蒸餾廠的後方有一座 840 公尺高的 Ben Rinnes 山，冬天覆蓋的白雪融化後帶著土地裡石楠和泥煤味滲入地底，在以湧泉形式冒出表面。再者其擁有全斯佩賽最大的銅製蒸餾器，配合在地大麥。最後是其對於熟成木桶的堅持與傳統古法，且堅持使用西班牙雪莉桶陳年。只有少數裝瓶廠標著它的名字、也很少給別人拿去為調合威士忌的原酒。

    因為是家族一路經營至今，味道不容易跑掉，雖然保守，但從過去到現在都一直以傳統和家族的堅持在製酒，屬於傳統斯佩賽的風格，很能發揮雪莉桶的特色與風味，目前雪莉桶最好的酒款就來自他們與 Glendonach，也讓許多威士忌饕客最喜歡的就是他們的雪莉桶系列。

酒廠資訊

地址： Ballindalloch, Speyside, Banffshire AB37 9BD

電話：+44 (0)1807 500257

網址：www.glenfarclas.co.uk

　　酒廠遊客中心的參訪區放了一個很大的蒸餾器作為象徵代表，也可以在酒廠內買到過去許多老酒。他們最成功的獨立裝瓶酒款之一「Glenfarclas 105」源自於第四代家族成員 George S. Grant 在 1968 年時，在倉庫自己裝瓶了一些酒分送給親戚與朋友後非常受歡迎，從此成為固定產出的酒款版本。2007 年，Glenfarclas 精選出超過 43 桶酒桶、43 種不同年份推出了非常特殊的精選酒款名為「Family Casks」，年份從 1952 年到 1994 年，這個系列是饕客們的夢幻酒款之一，而且十分熱衷將整套威士忌蒐藏回家，因此有些酒款在 2009 年就已經賣光光了。

推薦單品

Glenfarclas 105 Cask Strength

香氣：橡木香氣、蘋果、西洋梨香，太妃糖、咖啡、巧克力與蜂蜜的香氣。

口感：口感圓潤飽滿，橡木、雪莉酒、巧克力與柑橘的味道。

尾韻：悠長，以其這麼高的酒精度來說，尾韻的平順讓人有點意外。

C/P 值：●●●●○

價格：NT$1,000 ～ 3,000

有個開酒廠的祖先真好！

Glenfiddich

格蘭菲迪

Glenfiddich 酒廠，坐落的地方是鹿群們棲息的地方，Glenfiddich 的蓋爾語就是「鹿群的山谷」之意。這間酒廠是全世界銷量最好的單一純麥威士忌。光這樣說出來這句話，就可以知道這品牌的成就和背後世代的努力。

Glenfiddich 是蘇格蘭威士忌酒廠中，少數由家族經營且銷售全球的酒廠，這個家族的成員們都很了不起，創始人 William Grant 有著數十年於蒸餾廠的工作經驗，挑選了水質純淨的 Robbie Dhu Spring 水源，於1886 年花了 800 鎊開始建構，經過了一年，由 7 個兒子、2 個女兒同心協力、胼手砥足打造屬於自己的酒廠，第一道蒸餾酒程序就發生在 1887年的聖誕節。

1892 年 William 開始建造 Balvenie 酒廠、1903 年成立 William Grant& Sons 公司成立、1957 年，著名的「三角」形狀酒瓶面市。在家族苦心經營下，酒廠與品牌穩定的建立起名聲，1963 年家族調整市場定位，捨棄製作調和威士忌，正式成為第一家以「單一純麥威士忌」銷售到全

酒廠資訊

地址：Dufftown, Keith, Banffshire AB55 4DH

電話：+44 (0)1340 820373

網址：www.glenfiddich.com.tw/?gflda=2

英國、1964 年還向外推廣到海外市場，這年，Glenfiddich 售出了 4 萬 8 千瓶單一純麥威士忌，10 年後，銷售量衝到 1,400 萬瓶。這樣的作法在當時是前所未聞，但是他們的眼光獨到非常成功、並且開創「單一純麥威士忌」的新品類，並橫掃全球！

經過了 5 代的擁有與經營，家族的獨立精神和經驗將旗下的各酒廠都經營得非常好且維持著一貫的品質，也持續許多的創新與第一。1969 年，他們成為全蘇格蘭第一家開放遊客中心的蒸餾廠；1997 年，經由威士忌大師 David Stewart 的引薦，酒廠使用了其引以為傲的「Solera 系統」，可以快速的製造出大量的高品質雪莉風味威士忌，許多人喜愛的 Glenfiddich 15 年就是採用這方式製作，也有人直接稱 15 年為「Solera」。這麼多的創新與好評，當然也獲獎無數，包含國際葡萄酒與烈酒大賽（IWSC）、年度最佳酒廠（Distiller of the Year）、國際烈酒競賽（ISC）等競賽中皆有獲獎。

酒廠參觀流程規劃完整、講解人員多為訓練有素的專業年輕先生或小姐，非常有秩序且商業化。酒場外有一大面 Glenfiddich Logo 的牆面，是參觀旅客的必拍照景點！但以豐富度而言，我還是更推薦旗下另外一間酒廠 Balvenie。

對於 Glenfiddich，我不禁有一點小小的感想：我覺得，William Grant 的曾孫、曾曾孫子好幸福。在參觀酒廠歷史的過程中，看到他們祖先當年用馬車拖著石頭、一磚一瓦打造出來的一個蒸餾廠，再非常辛苦的釀造威士忌，留下來這麼多庫存酒用也用不完！到了現在子孫都不用工作了，開著法拉利、搭私人飛機、住在古堡裡，個個都封爵士的，忍不住讚嘆，有個開酒廠的祖先真好！

The Glenfiddich 12 Years Old

香氣： 細緻的橡木香氣、柔和的堅果香氣、清新的西洋梨味伴隨些許青草芳香。

口感： 口感圓潤，西洋梨與香草的味道特別明顯，並伴隨著些許青蘋果與堅果味道。

尾韻： 中短，尾段有一股柔和青蘋果與西洋梨氣味。

C/P 值： ●●●○○

價格： NT$1,000 以下

The Glenfiddich 15 Years Old

香氣： 巧克力、太妃糖、柑橘、鳳梨、西洋梨、蜂蜜、香草香氣融合在一起，就像是在聞綜合水果軟糖一樣。

口感： 口感圓潤偏甜，豐富的熱帶水果與橡木桶的味道，結合蜂蜜與太妃糖的味道，融合得非常完美。

尾韻： 口感持久悠長，尾段有一股細緻的黑巧力的氣味。

C/P 值： ●●●●○

價格： NT$1,000 ～ 3,000

The Glenfiddich 18 Years Old

香氣： 清新青蘋果香氣結合細緻橡木以及麥芽的香甜、柑橘與堅果的香氣。

口感： 口感圓潤滑順，綜合水果汁、堅果、淡淡的奶油與柑橘味道。

尾韻： 中長，尾段有一股柔和的奶油煙燻氣味。

C/P 值： ●●●○○

價格： NT$1,000 ～ 3,000

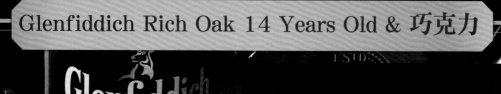

Glenfiddich Rich Oak 14 Years Old & 巧克力

Glenfiddich 是全世界銷量第一的單一純麥威士忌，他的原酒是在初餾的時候使用蒸汽加熱，而在蒸餾的時候使用直火加熱，造就出獨特而多層次的口感。這支 14 年的 Rich Oak 是其中非常特別的一支，入口微甜，並帶著清香的香草與花香的味道，尾巴則有一絲絲的可可苦味，拿來搭配巧克力，兩者可以完美的彼此呼應，增添甜味與口感，並讓尾韻的層次更加豐富，值得嘗試。

山寨品牌模仿的始祖
Glenlivet
格蘭利威

　　蘇格蘭有 100 多間蒸餾廠，每款單一純麥威士忌的風味都各具特色，不過如果要選出其中一款當做業界的代表，相信推選 Glenlivet 不會有太大的爭議。不是因為喜歡它的人最多或是它最昂貴或稀有，而是 Glenlivet 是蘇格蘭地區第一間領到合法執照的蒸餾廠。創始人 George Smith 一開始也只是蘇格蘭地區一個小農村的散戶，但它做出來的酒相當受到歡迎，在 1822 年的時候英王喬治四世出巡時，愛丁堡的華特‧史考特爵士特地準備了 Glenlivet 的威士忌來招待他，結果喬治四世一喝上癮，從此 Glenlivet 的聲名大噪，甚至許多其它蒸餾廠都偷偷地在酒標上私自印上 Glenlivent 的字樣以求賣得較高的價錢。如果你現在在某個國家的酒店或是跳蚤市場上竟然能夠發現別的威士忌品牌酒標下面有 Glenlivent，那絕對是已經絕版的珍寶，買下來就對了！

　　Glenlivet 位於斯佩賽區的支流 River Livet 河谷，水湧自花崗岩，且常在地底伏流數哩，是公認用來釀造威士忌最好的水源之一。在 Glenlivet 受到喬治四世的賞識之前，George Smith 也是靠私製酒類才建

酒廠資訊

地址：Ballindalloch, Banffshire AB37 9DB

電話：+44 (0)1340 821720

網址：www.theglenlivet.com

立起整個家族的財富,但他是一個相當有遠見的釀酒師,就在英王出巡的隔年,他正式建立了 Glenlivet 酒廠,並在 1824 年取得了該地區第一張合法的蒸餾廠執照。但其它酒商私自將他們名字印刷在酒標上的情形還是沒有改善,直到 1884 年英國政府核准了他們的請求,只有 George Smith 的後裔能夠冠上 The Glenlivet 的名字,從此才杜絕了這個狀況。

Glenlivet 還有一項第一,就是在禁酒令解除後,首間進入美國並打開整個市場的蘇格蘭威士忌酒商。整體而言,Glenlivet 酒廠用的水質偏硬,有花香、果香,加上桃子和蘋果般的甜美;大約 1/3 的酒桶使用雪莉酒,是一款典型斯佩賽區威士忌的代表。

The Glenlivet 12 Years Old

香氣：細緻果香中帶有優雅花香。可以感受到熱帶風情的水果味，特別是鳳梨、柑橘、西洋梨、燉青梅子及熟成杏仁的風味。

口感：圓潤柔順，帶著蜜的花香、糖漿煮過的白桃、烘烤過的堅果及西洋梨口感。

尾韻：中長，尾韻有一股清新的花香與細緻的綜合堅果氣味。

C/P 值：●●●●○

價格：NT$1,000 以下

The Glenlivet 15 Years Old

香氣：柑橘、樹脂清香、葡萄柚香氣、奶油香氣，隨後有一股非常細緻的香草太妃糖的香氣。

口感：圓潤柔順，熱帶水果及堅果的味道，但隨著淡淡的黑巧克力的味道。

尾韻：中長，尾段有一股煙燻的杏仁與烘烤過的堅果味。

C/P 值：●●●○○

價格：NT$1,000 ～ 3,000

The Glenlivet 18 Years Old

香氣：清新橡木風味。橡木引領著細緻的芬芳花香味。隨後太妃糖、薄荷巧克力及夏日水果派的香氣陸續散發出來。

口感：濃厚圓潤，太妃糖與巧克力的味道，緊接著是微苦的橘子味與橡木香味。

尾韻：悠長，尾段有一股橡木及薑風味持續著。

C/P 值：●●●●○

價格：NT$1,000 ～ 3,000

The Glenlivet 12 Years Old & 波特酒迷迭香炙燒小羔羊菲利

　　Glenlivet 12 年是非常標準的斯貝賽風格的威士忌，輕柔細緻又帶有豐富的花香，可說是一款與各類餐點都可以有非常不錯的配合，堪稱百搭的威士忌。一般的小羔羊即使以各種香料調味，都很難避免些許的羊騷味，但佐以 Glenlivet 12 年，香料的氣息會完全被突顯出來，完全感受不到任何的羊騷味；口中滿滿的是飽滿而滑嫩的羔羊風味，而酒中蘊含的甜味也會完全被激發出來，餘韻綿長而香甜。

推薦餐廳：法熊法式餐廳

來自少女純潔之愛的天使水源
Glenrothes
格蘭路思

Glenrothes 坐落於 Spey 河畔 Rothes 鎮，是很特殊的一間酒廠，他所使用的水源不是來自於 Spey 河，而是來自於一座名為「淑女井」（The Lady's Well）的井水。關於這口井還有一個浪漫的傳說，據記載這裡是 14 世紀有位羅賽伯爵（Earl of Rothes）的獨生女，為了救情人的性命被當地的巴貝羅克狼殺害，少女清純而深情的血液流入了井內，她並沒有怨懟，而是很開心能夠讓所愛的人繼續活下去，從此這口井的水就像是少女的天使之吻般甜美。

Glenrothes 創立於 1878 年，一直以來都是很多調和威士忌的主要原酒，例如全球排名前 10 的 Cutty Sark，它真正以單一純麥威士忌的風華為人所熟知其實要感謝英國知名的葡萄酒商 BBR，在過去約有 10 年之久的時間，BBR 以獨立裝瓶廠的形式推出了許多頗受好評的 Glenrothes，也帶動了原廠推出許多特殊年份的威士忌以饗同好。第一批引進台灣的 Glenrothes，為了迎合本地的喜好，全都是年份尾數為 8 的酒款，像是 Vintage 1998、Vintage 1988 和 Vintage 1978，希望能夠發發發，從結果看

酒廠資訊

地址：Glenrothes Distillery, Rothes, Morayshire, AB38 7AA

電話：+44 (0)1340 872300

網址：www.glenrothes.com.tw/index.html

來，這樣的策略是成功的，而他們也為台灣
製作了繁體中文版的網站。

　　這間酒廠還有一個特別的地方，他們沒
有所謂一般年份的核心酒款，每支酒都以年
份或是人名標記，因此也可以說每次推出的
都是全新的口味，每一支都是數量有限的產
品。Jim Murray 在 2007 年的 *Whisky Bible* 中
提到：「Glenrothes 珍釀單一純麥威士忌是
蘇格蘭斯佩賽區中，唯一能夠將絲綢般細滑
的大麥風味與柑橘香氣，以最柔順的方式傳
遞給品酩者，以罕見的溫柔親拂味蕾的單一
純麥威士忌。」

Glenrothes Select Reser

香氣：細緻的橡木的香氣，搭配著柔和的西洋梨、香草、柑橘皮、檸檬皮、一絲絲的藍莓香氣，讓人聞起來很清新舒服！

口感：圓潤滑順，柑橘與西洋梨的味道柔和細緻，淡淡的香草與藍莓派的味道。

尾韻：中長，尾段有藍莓與香草的氣味。

C/P 值：●●●○○

價格：NT$1,000 ～ 3,000

Glenrothes Vintage 2001

香氣：檸檬皮與黑醋栗搭配白糖霜氣味，檀木香味、櫻桃香氣與柔和的香草香氣。

口感：口感圓潤，橡木桶的香草氣味，綜合堅果與與淡淡的麥芽香甜味。

尾韻：中長，尾段有香甜的橡木與香草餘味。

C/P 值：●●●○○

價格：NT$1,000 ～ 3,000

具有花香的優雅酒款
Knockando
納康都

Knockando 蓋爾語意為「小黑山」，建於 1898 年且位於 Spey 河畔，1898 年由 Knockando-Glenlivet 酒業公司建立，1900 年轉讓給 J. Thomson & Co. 公司，1904 年又被 W.A. Gilbey Ltd. 公司買下。現在則隸屬於 Diageo（帝亞吉歐）集團，酒廠釀製的麥芽威士忌大部分用於集團旗下 J&B 調和威士忌的基酒之一。

酒廠早在十多年前就不對外開放參觀，現在主要只開放給貿易商、經銷商以及 Diageo 的工作人員導覽參觀。酒體的特色跟一般斯佩賽區水果香味的風格不太一樣，花香味比較濃厚。出品的單一純麥威士忌在歐洲頗受歡迎，尤其是法國與西班牙這兩個國家，每年售出 70 萬瓶的量在集團內與 Oban 齊名第 5 名。台灣曾有人進口過，但是量很少，不容易看到。

在蒸餾器的設計上，為了增加回流安裝了沸騰球，最主要的功能像有個純淨器一樣，讓酒在蒸餾過程中增加回流，增加酒體流動的阻礙，因而讓酒跟銅製的蒸餾器接觸久一點，可以吸收到更多獨特的味道，讓取得的烈酒口感較優雅。

酒廠資訊

地址：Knockando , Morayshire IV35 7RP

電話：+44 (0) 1340 810 205

網址：www.scotchwhisky.net/malt/knockando.htm

推薦單品

Knockando 1990

香氣：光滑的木質氣息、清新的皮革味、太妃糖甜氣。熟透的香蕉芳香。

口感：豐潤而優雅。濃稠糖漿和乾果的蜜香。

尾韻：悠長細緻，木桶單寧適度並伴有可可粉的甘甜。

C/P 值：●●●○○

價格：NT$3,000～5,000

眾多威士忌調酒大師的熱愛酒款

Linkwood

林肯伍德

　　Linkwood 酒廠由 Peter Brown 於 1821 年建立，1825 年正式在市場上流通，至 1971 年間經過許多次的大幅度擴建，從 1897 年開始換手到 Linkwood-Glenlivet Distillery Co.Ltd.，1932 年又換手到 Scottish Malt Distillers Ltd.，現在的屬於 Diageo（帝亞吉歐）集團。而在 1971 年這個對酒廠而言關鍵的一年，此時蓋了一間新的蒸餾室，增加 2 組（4 支）蒸餾器，於是酒廠就有了一新一舊蒸餾室，總共 6 隻蒸餾器，一起運作到 1985 年才停用舊的蒸餾室 2 支蒸餾器。或許是為了調合新舊酒質，1990 年舊的蒸餾器又恢復生產，一年中運作幾個月，將製作出來的酒跟新蒸餾器的酒作調合，再放入酒桶陳年。

　　酒廠的總生產量之中只有不到 2% 拿出來作單一純麥的裝瓶，被 Diageo（帝亞吉歐）集團選作 Flora & Fauna 系列好酒之一！其它大部分作為 Johnnie Walker 和 White Horse 的原酒，而每年大約有 100 萬公升的酒被其它人買走。如果真的要認真找，去裝瓶廠找還比原廠容易、品項也比較多。因為 Linkwood 在調合威士忌的原酒來源中非常炙手可熱且深受威士忌調酒師們的鍾愛，尤其是要生產一隻高級的調合威士忌，Linkwood 一定是熱門基酒之一。

酒廠資訊

地址：Linkwood Distillery, Elgin, Morayshire, IV30 3RD
電話：+44 (0)1343 862000

另外，Diageo 挑選了旗下七間酒廠組成「Speyside West」，分別是 Glen Spey、Benrinnes、Dailuaine、Glenlossie、Mannochmore、Glen Elgin 以及 Linkwood，每年都會做生產效率的評比，基本上，Lonkwood 跟 Glen Elgin 都是排名前幾名。酒本身很好喝，我個人覺得他比較偏向高地多於斯佩賽，酒體很細緻，帶有很棒的波本香氣，很有個性。

推薦單品

Linkwood 26 Years old Port Cask

香氣：清新的草香，烤餅乾、熟成果物和宜人的油脂味，像是柑橘油、太妃糖、杏仁油，以及橡木的香氣。

口感：麥芽的甜味、巧克力柑橘、辛香料和穀物燕麥，尾段有淡淡的鹽味！

尾韻：中等長度，堅果、薑、橡木與巧克力的淡淡餘韻。

C/P 值：●●●○○

價格：NT$5,000 以上

Linkwood 26 Years Old, Rum Cask

香氣：麥芽香甜，有黃糖、青草、香草，與一股細緻蘭姆酒的香氣。

口感：口感柔順，輕輕撫過口腔，留下香草與熟成西梨子的甜美。

尾韻：持久綿長，尾段帶有一絲絲蘭姆酒的香甜。

C/P 值：●●●○○

價格：NT$5,000 以上

Linkwood 26 Years Old. Wine Cask

香氣：橡木和花香，野玫瑰的香氣特別明顯。

口感：甜又酸的口感，像是酸麵團般，再來是一股辛辣的新橡木桶的刺激香氣。

尾韻：中短，辛辣不甜，猶如胡椒。

C/P 值：●●●○○

價格：NT$5,000 以上

行家才知道的厲害威士忌

Longmorn

朗摩

日本威士忌的教父竹鶴政孝第一次拜訪蘇格蘭，最先敞開雙臂接納他前來學習的酒廠就是 Longmorn，後來其在日本建立的余市蒸餾所，一切皆以 Longmorn 為範本，包含存留著古老而稀有的煤炭直火加熱法等。

Longmorn 酒廠由 John Duff & Company 創立於 1893 年，1898 年在酒廠附近又蓋了另一座新廠 Benriach，但是當時名為 Longmorn No.2，被併購易主後，2001 年隨著 Chivas 集團被併入 Pernod Ricard（保樂力加）集團一直到現今。之後也成為集團內 Chivas Regal 和 Royal Salute 的重要基酒。能被這兩個重要品牌拿來做為基酒。表示這又是一支行家才知道的厲害威士忌，酒廠年產量 390 萬公升，但是卻不常出單一純麥威士忌，他們的雪莉桶系列其實很棒，如果想要喝到真正很棒的 Longmore 老酒，建議去找全蘇格蘭最強的雜貨店 Gordon & McPhail 找裝瓶酒，有很多老系列可收藏。

Pernod Ricard 集團內只有 4 家酒廠有針對酒廠名字出產單一純麥威士忌，分別是最大的 Glenlivet 和 Aberlour，再來就是 Longmorn 和

酒廠資訊

地址：Longmorn, Elgin, Moray. IV30 2SJ., Scotland.

電話：+44(0)1542783417

網址：www.longmornbrothers.com/html/distillery.htm

Scapa。Longmorn 在 2007 年出產 16 年份的單一
純麥以及 17 年的桶裝原酒，可以在 Chivas 的遊
客中心買到。

2010/09/14

推薦單品

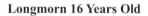

Longmorn 15 Years Old

香氣： 潮濕的青苔、蕨類植物與明顯的花朵香氣。細緻的
麥芽甜香就像棉花糖的香氣一般，隨後還有淡淡的
柑橘皮香。

口感： 口感圓潤，有乳脂軟糖、牛奶蒸氣，以及迷人的辛
辣勁。

尾韻： 中短，尾段有烤杏仁與杏仁霜的氣味，非常有趣。

C/P 值： ●●●○○

價格： NT$3,000 ～ 5,000

Longmorn 16 Years Old

香氣： 棉花糖、蜂蜜，加上柑橘皮與太妃糖的香氣，搭配
上細緻的橡木桶香氣，讓香氣更加完美！

口感： 口感圓潤順口，細緻的油酯味道、綜合太妃糖與柑
橘巧克力。

尾韻： 中短，尾段有燕麥與堅果味道。

C/P 值： ●●●○○

價格： NT$1,000 ～ 3,000

已逝的黃金年代
Macallan
麥卡倫

Macallan 酒廠被已逝酒評家 Michael Jackson 評為威士忌之中的勞斯萊斯，這真是至高無上的評價！但自從 2004 年上市的 Fine Oak 系列，與原來的麥卡倫風格截然不同，在市場上引起了褒貶不一的兩極化看法。

麥卡倫總共用過三個名字。1824 年創立後到 1891 年間稱為 Elchies，Macallan 單一純麥威士忌瓶身的酒廠標誌是 Easter Elchies House，而酒廠最初的名字 Elchies 也是取名為這棟古老又美麗的房子。1892 到 1980 年換名為 Macallan-Glenlivet，1980 年以後更名為 Macallan。

Macallan 酒廠特色和堅持，在市場上創造出獨特的風潮與無人能及的地位，幾乎是無人不知無人不曉、是品質的保證。但近年來他們有些調整與改變，卻也造成許多人的不同評價，首先他們堅持 100% 黃金大麥的使用，酒廠認為黃金大麥能夠讓新蒸餾出來的原酒更豐富，但近年來不如以往堅持 100% 的使用率，改成一定比例用量。酒廠總共有 21 隻蒸餾器，Macallan 選擇承襲自家酒廠制酒傳統，採小尺寸蒸餾器，每一

酒廠資訊

地址： Charlestown of Aberlour AB38 9RX

電話：+44 (0)1340 871471

網址：www.theMacallan.com/home.aspx

支蒸餾器不到 4 公尺高，採用直火加熱。 而設計林恩臂垂直斜下來，狀似ㄇ字型的向下彎做成一個溜滑梯讓酒向下滑，目的是讓酒體較厚重。

2004 年以前，Macallan 的單一純麥威士忌號稱 100% 的雪莉桶陳年來裝瓶，比其它酒廠更深邃的酒色，有更豐富的果香味，除此之外，酒廠還號稱只用 First Fill（首次裝桶）的酒來做為單一純麥威士忌的裝瓶，讓Macallan 的單一純麥威士忌喝起來比其它酒廠更有風味與豐富層次。

台灣是 Macallan 在全世界賣得最好的地方，從 2003 年起，我去過Macallan 酒廠三次，也看著他們輝煌的 10 年，對他們是又愛又恨。

愛他們的高級與品質，卻也發現近年他們似乎有些偏離調原本想要達成的理念。三次參觀的過程中，每次都發現在加倍產量。他們的危機就是無法如同過去一樣生產全部以雪莉酒桶為主的威士忌，而現在雪莉酒桶越來越難取得、相對成本也越來越貴。再加上的老酒越來越缺乏，於是

Macallan 的老酒變得越來越高價和珍貴，不過這對他們來說，或許也是一個轉機。

另外，為了應付逐漸短缺的雪莉桶，Macallan 開發了 Fine Oak 系列於 2004 年推出，不再強調以雪莉桶為主，內容以波本桶為主，混合了三種不同的桶陳風味，美國橡木波本桶、美國橡木雪莉桶、以及西班牙橡木雪莉桶。儘管有這麼多的改變與不同評價，他們還是全世界銷售第 3 名，而他們的特殊酒款依舊是全世界收藏家認為非常值得收藏的品牌酒。例如 Fine & Rare 系列：Vintages 1926 至 1976 年的老酒屢屢在國際的威士忌拍賣會上創新高價。

我在想，當初他們若是知道會賣這麼好，一定會從過去到現在都大量生產雪莉桶，並將其陳年變成雪莉老酒。但現在需求量這麼大的情況之下已經無法使用原來的雪莉桶。也由此可知，酒桶的品質對於威士忌有多麼重要。很多人都喜歡 Macallan，但由於酒廠的作風改變造成威士忌的風味有變，如果想要喝從前最受歡迎的酒款，建議去喝 10 年前產出的 Macallan 單一純麥威士忌，1970 至 1980 之間年份的酒是非常完美的。這時不禁覺得早期的台灣人真的很幸福，當年可以用那麼合理的價錢喝到這麼好喝的威士忌，現在這些酒的價值，已經不可同日而語了。

推薦單品

Macallan 18 Years Old

香氣：堅果、柑橘皮、太妃糖、嫩薑與淡淡的黑巧克力。
隨後散發出細緻的橡木與熟成葡萄的香氣。

口感：口感圓潤，帶有香料、丁香、柑橘和燻木味道。

尾韻：中長，喝完這款酒讓我懷念起舊版 18 年，這款新
版尾韻真的輸舊版太多。

C/P 值：●●○○○

價格：NT$3,000 ～ 5,000

The Macallan Gran Reserva 12 Years Old

香氣：橡木，葡萄乾、巧克力、柑橘、太妃糖、肉桂以及
烤堅果的濃郁香氣。

口感：濃郁有勁，並帶有熟成葡萄、柑橘皮與巧克力太妃
糖的味道。

尾韻：持久悠長，尾段有雪莉酒與黑巧克力的味道。

C/P 值：●●●○○

價格：NT$1,000 ～ 3,000

最繁複的 2.8 次蒸餾程序

Mortlach

莫拉克

Mortlach 在蓋爾語意為「大山丘」，同時也是 Dufftown 鎮第一家獲得認可的蒸餾廠，1823 年由 James Findlater 創立，將以當地一間古老的修道院為名。10 年後開始被持續轉手的命運，但都沒有被拿來用作為生產威士忌的酒廠，直到 1851 年的擁有者才又引進新的設備開始生產威士忌，後來併入 Diageo（帝亞吉歐）集團，與 Cardhu 一起被用作 Johnnie Walker 的重要基酒，甚至佔的份量高於 Carhhu。

Mortlach 最特殊的地方莫過於使用 2.8 次蒸餾方式造成其複雜且極度厚重的酒體。Mortlach 酒廠的蒸餾號稱是全蘇格蘭最複雜的蒸餾系統，採用了 6 支型態各異不算成對的蒸餾器，分 3 次不同的蒸餾程序、依照每次蒸餾後取不同百分比的酒心作為下次蒸餾，蒸餾出 3 道不同的原酒。這 3 道不同的原酒各有個性風味與各自的酒精度，在入桶陳年之前，這 3 種原酒會作部份調混再入桶。

這樣繁複的蒸餾過程讓 Mortlach 獨具特色，給調和威士忌重量感與結構感，許多調酒師都採用他們來做調和式威士忌，以至於沒有多餘的產量可以提供單一純麥威士忌裝瓶上市，但在酒廠可以買到酒廠限定版，我很幸運曾經喝過他們的單桶原酒，非常具有斯貝賽區風格，尤其是雪莉桶控制得很好。

酒廠資訊

地址：Dufftown, Keith, Banffshire, AB55 4AQ

電話：+44 (0)1340 820318

推薦單品

Mortlach 16 Years 43%

香氣：皮革、淡淡的焦炭，感覺很男性、強勁的氣味，有些肉味、火藥和葡萄乾。

口感：飽滿、淡淡煙燻與明顯的肉乾味，風味表現緊湊且有層次，有甘草與冬菇的味道。

尾韻：深沈且持久。

C/P 值：●●●●○

價格：NT$1,000 ～ 3,000

2010/09/14

最後一位真正的威士忌男爵
Speyside
斯貝塞

　　Speyside 酒廠在靠近 Kingussie 的 Drumguish 鎮。建廠從放下第一塊石頭開始，一共花了 25 年才完成整個建造過程。酒廠創立人兼負責調味威士忌的幾乎都是由威士忌男爵 George Christie 完成。他聘請巧匠 Alex Fairlie 於 1956 年以古老的工法堆砌而成，最後在 1987 年完工。於是一個美麗細緻的農場莊園酒廠落成。

　　水源來自 Spey 河域，且坐落在河域源頭 River Tromie 附近，所以雖然酒廠位處高地，但依舊被歸屬在斯佩賽區域。酒廠每年生產 60 萬公升原酒，2006 年開始嘗試製作泥煤味原酒並於 2009 年合法製成威士忌，但是根據酒廠經理 Andrew Shand 表示，Speyside 可能要再等個幾年才會產出這些酒。Speyside 生產的酒主要作為 Speyside 8 年、10 年、12 年以及 15 年單一純麥威士忌，另外提供品牌 Spey 製作威士忌。

　　酒廠規模屬於中小型，近年被 Spey 這個品牌買下，這個品牌有台灣人的投資與理念和台灣人對威士忌的熱情，所以酒廠現在是一個成功的品牌結合台灣公司的合作，未來可能直接改名為 Spey。

酒廠資訊

地址：Tromie Mills, Kingussie PH21 1NS

電話：+44 (0)1540 661060

網址：www.speysidedistillery.co.uk

推薦單品

Spey Chairman's Choice

香氣：清新的花果香氣、淡淡泥煤香氣、甜美的麥芽香，
　　　　隨後太妃糖的香氣緩緩散發出來。

口感：圓潤滑順，非常清爽雪莉酒香，並帶著柔美的泥煤
　　　　味道。

尾韻：中短，尾段有淡淡的泥煤香氣。

C/P 值：●●●○○

價格：NT$1,000～3,000

Spey Royal Choice Single

香氣：香草、柑橘、太妃糖、黑醋栗與淡淡的煙燻香氣。

口感：圓潤平順，淡淡香草奶油味與太妃糖的味道，並伴
　　　　隨微微的巧克力味。

尾韻：悠長，尾段有一股煙燻巧克力味道。

C/P 值：●●●○○

價格：NT$3,000～5,000

Royal Salut 的心臟
Strathisla
史翠艾拉

Strathisla 蒸餾廠於 1786 年由 Alexander Milne 及 George Taylor 興建成立，位於 Banffshire 內 Keith 鎮，距離在同區域的 Glen Keith 酒廠只有幾百里。Keith 鎮曾經是全斯佩賽蒸餾產業最繁榮的區域，身為此區域成立時間前 3 名的 Strathisla 酒廠成為古老的見證。

我去過這間酒廠兩次，深深被其古老和優雅所吸引，一切皆維持當初建立時候的樣子：矮牆、樹叢、附近的公園與酒廠的水車呼應，述說過去還用水車產生動力製酒的當年。遊客中心非常典雅美麗，規劃的像家一樣的溫馨和高雅，曾被喻為是全斯佩賽區最美、最值得遊客拍照遊歷的酒廠。酒廠更令人興奮的是，可以在遊客中心的販售區買到少數 Pernod Ricard（保樂力加）集團內其它酒廠出產的系列原酒，只有酒廠限定，別的地方買不到。

年產量 240 萬公升，主要用作調和式威士忌原酒使用，其也是 Royal Salut 調和式威士忌的心臟。由於主要提供集團內調和威士忌使用，單一純麥出的不多，蘇格蘭威士忌協會曾經出過他們的原酒，雪莉桶風味非常棒，值得一試。

酒廠資訊

地址：Seafield Ave, Keith, Banffshire AB55 5BS

電話：+44 (0)1542 783044

網址：www.chivas.com/en/int/heritage/strathisla

推薦單品

Strathisla 15 Years Old, Cask Strength

香氣：迷人鮮明，很多的柑橘、橘子果醬、檸檬蛋白派與些許的花朵香。

口感：豐富如絲的口感，有辛香料、薄荷奶油、堅果太妃糖、甘草、奶油短餅乾與甜甜的麥芽。

尾韻：溫暖、綿長且和緩的奶油。

C/P 值：●●●●○

價格：NT$5,000 以上

非法釀造的花香酒體
Tomintoul
都明多

Tomintoul 酒廠坐落在山巒層疊的美麗森林、海拔 335 米、蘇格蘭的第二高村莊中，早期酒廠一直未申請到合法的生產許可證，所以一直以來都屬於非法釀造。1964 年由 Hai & Macleod 與威士忌代理商 Hai & Macleod 成立，當時因為這兩家酒商苦於買不到高品質的原酒，決定自己建立酒廠。第一批瓶裝的威士忌在隔年正式上市，是一家現代化的酒廠。現在屬於 Angus Dundee Distillers 公司，同公司的還有 Glencadam 酒廠。

Tomintoul 雖然在台灣知名度不高，在斯佩賽區卻是很具代表性的酒廠。他們使用的蒸餾器高度在全蘇格蘭為前 5 名，目的是要取出較為純淨的原酒，同時只萃取 61% 至 72% 的酒心，保留最精華的口感，屬於帶有很優質的花香酒體。酒廠出產的酒很多元化，大部分做為其它調和式威士忌品牌的原酒，也有出自己的單一純麥威士忌，比較特殊的是有一般斯佩賽區域酒廠所沒有的煙燻泥煤味威士忌，會出產泥煤風味威士忌的背後有一段故事，酒廠早期出售原酒給其它品牌調和時，應客戶的要求購買煙燻過的麥芽，再將蒸餾過的酒放入波本桶，交貨的時候意外發

酒廠資訊

地址：Ballindalloch, Banffshire AB37 9AQ

電話：+44 (0)1807 590274

網址：www.tomintouldistillery.co.uk/tomintoul/welcome.htm

現味道非常好，因此決定裝瓶售出。

　　酒廠周遭環境非常漂亮，但是酒廠本身卻顯老舊，蒸餾器也佈滿綠銅，依照酒廠經理的說法，他們認為擦拭或拋光蒸餾器的外表會影響原酒的味道，所以不願意為了美觀而去處理，這也是他們的堅持。

推薦單品

Tomintoul 10 Years Old

香氣：蘇格蘭奶油餅乾、肉桂、香草香味與細緻的橡木的香氣。

口感：口感柔順，柑橘、太妃糖味與麥芽糖的味道。

尾韻：中長，尾段有一股微甜的麥芽甜味。

C/P 值：●●●○○

價格：NT$1,000 ～ 3,000

Tomintoul 12 Years Old Sherry Cask

香氣：青蘋果、熟成葡萄，奶油般氣息並帶有細微的雪莉酒的芳香。

口感：口感圓潤，豐富麥芽甜味、熟成葡萄、柑橘皮與黑巧克力味道。

尾韻：很可惜尾韻偏短。

C/P 值：●●●○○

價格：NT$1,000 ～ 3,000

市場難尋的單一純麥威士忌

Tormore

托摩爾

　　Tormore 酒廠是 20 世紀在蘇格蘭建立的第一家新型的酒廠，它是由知名的建築大師 Sir Alfred Richardson 設計，酒廠主建築的中間是一座鐘樓，風格獨具一格，當時總共耗資 60 萬英鎊、相當於現今的 100 萬鎊來建造，1958 年由 Long John Group 所建立，現已是 Pernod Ricard（保樂力加）集團旗下的一家分廠，坐落在 Grantown-on-Spey 附近，水源來自於 The Achvochkie Burn，以釀造果味口味的純麥芽威士忌而知名。年產量達到 410 萬升，蒸餾出來的原酒做為 Keith Bonds 和其它 Chivas 集團調和式威士忌的基酒。

　　酒廠年產量 410 萬公升，配有 4 對蒸餾器，他們特別在冷凝器前加裝純淨器，讓酒體更為輕盈與細緻。出產的單一純麥威士忌非常少，2004 年推出了一款 12 年的單一純麥，數年後推出 15 年單一純麥，但這款在市場上已經非常難尋。

酒廠資訊

地址：Grantown N Spey, Moray PH26 3LR

電話：+44 (0)1807 510244

網址：www.scotchwhisky.net/distilleries/tormore.htm

Single Malt 全球單一純麥威士忌一本就上手
Whisky

Tomore 12 Years

香氣：細緻的麥芽香、柑橘、西洋梨、太妃糖與綜合堅果的香氣，並帶有淡淡巧克力的香氣。

口感：口感圓潤，西洋梨、桃子、西洋梨與巧克力的口味。

尾韻：中長。

C/P 值：●●●○○

價格：NT$1,000 ～ 3,000

品酒筆記

因每個島嶼皆緊鄰於海，四季氣候多屬潮濕，風雨也較為強勁。每個小島也因其地理位置和環境的不同，各個小島所生產的麥芽威士忌均擁有不同的特色。唯一相同的是這些島嶼所生產的麥芽威士忌皆有細緻的煙燻或海風味的特色，卻沒有艾雷島的強烈泥煤威力。

第1章 蘇格蘭

1-6 島嶼區 Island

英國女王親臨揭幕的珍貴酒廠
Arran
愛倫

　　Arran 酒廠位於蘇格蘭最美及最有名的島嶼之一：艾倫島。酒廠座落於島上的 Lochranza，擁有蘇格蘭最純淨的水源 Loch na Davie。艾倫島這個漂亮的島嶼是居住在格拉斯哥（Glasgow）的蘇格蘭人度假的聖地，島上有新鮮美味的海鮮、一望無際的無敵景色、頂級的高爾夫球場加上品質絕佳的啤酒與威士忌，讓度假的旅客流連忘返。島上對外主要的聯絡交通工具以渡輪為主。搭乘渡輪的地方位於格拉斯哥南方的一個小城市 Ardrossan，開車從格拉斯哥出發到這個小鎮大約需要一個小時的車程。

　　艾倫島上曾經有過一間酒廠名為拉格蒸餾廠（Lagg Distillery），在 1837 年間倒閉了，島上經過了一整個世紀都沒有其它的蒸餾廠成立，直到 1993 年時在 Arran 酒廠創辦人 Harold Currie 的努力下，才又在島上擁有自己的酒廠。1995 年對 Arran 酒廠是非常具有特別意義的一年，Arran 酒廠正式開始生產威士忌，連英國女王都特地到當地為酒廠揭幕，對於 Arran 酒廠來說，從那一刻開始，酒廠就正式在蘇格蘭威士忌產業的歷史中寫下屬於自己的一頁。

酒廠資訊

地址：The Distillery Lochranza, Isle of Arran, Isle Of Arran
　　　KA27 8HJ,UK

電話：+44 (0)1770 830264

網址：www.arranwhisky.com/Distillery.aspx

　　Arran 酒廠是屬於比較新的蘇格蘭威士忌酒廠，在酒廠規劃中，有許多新穎的觀念與設計融入。首先值得一提的，就是 Arran 酒廠的遊客中心；這個遊客中心的規劃非常貼心，在二樓設計了一間餐廳，除了可以在這裡吃到當地的小點心，還能在餐廳裡品嚐所有酒廠出產的酒款，這怎能不讓人動心？參加酒廠導覽行程的人，會先被安排在一間仿古的視聽房間觀看 Arran 酒廠的歷史與介紹，後有專人帶領大家開始酒廠的導覽。端看這間視聽室的裝潢就知道價值不斐，可以看得出 Arran 酒廠的用心與企圖心。

Arran 10 Years Old

香氣：細緻香草香氣，帶出鳳梨、柑橘、奇異果、香蕉、甜瓜及巧克力的香氣。

口感：酒體圓潤，麥芽的香甜味、細緻的綜合水果味道與淡淡的可可堅果味。

尾韻：中短，尾段有一股淡淡的麥芽香甜味。

C/P 值：●●●●○

價格：NT$1,000 ～ 3,000

Arran 14 Years Old

香氣：麥芽糖的香氣、海水的香氣、柑橘、鳳梨、黑巧克力、肉桂與辛香氣味。

口感：口感厚實，乾果、香草、紅蘋果、海鹽、紅棗、柑橘巧克力等豐富味道。

尾韻：中長，後味帶有 Arran 最著名的肉桂香料氣息。

C/P 值：●●●○○

價格：NT$1,000 ～ 3,000

Arran 100 Proof

香氣：濃郁的熱帶水果香氣，柑橘、檸檬、萊姆、青蘋果、西洋梨、香草味，隨後可聞到麥芽的香甜香氣。

口感：口感厚重，肉桂、堅果、柑橘、蜂蜜、太妃糖與薑湯的味道。

尾韻：悠長，尾段有肉桂柑橘的味道。

C/P 值：●●●●○

價格：NT$1,000 ～ 3,000

維京海盜的傳奇
Highland Park
高原騎士

　　Highland Park 蒸餾廠位處於蘇格蘭北方的奧克尼群島（Orkney Island），目前為蘇格蘭最北的蒸餾廠。若以威士忌產區來分，此酒廠屬於高地島嶼區，需要開一天的車程到北蘇格蘭高地的小城鎮，再搭渡輪到達這個小島。說真的，只有真正的威士忌狂熱者，才會特地會跑去。小島上氣候非常嚴峻，願意留在島上打拼的居民，都展現出一股堅毅果敢的不凡氣質。真正踏上小島後，內心對這些威士忌從業人員是打從心裡地佩服。

　　除了在氣候嚴峻的環境下生活之外，或許也是因為早在蘇格蘭人來到奧克尼群島之前，這裡曾經是北歐維京人的領土，維京人對此地的歷史與文化留下了深厚的影響，他們驍勇善戰的鐵漢性格，自然也影響了後來的蘇格蘭人，而新的 Highland Park 的 LOGO 設計，也來自 12 世紀的維京人盾牌的形象。

　　這家酒廠是目前蘇格蘭業界少數採用地板發芽發麥的蒸餾廠。整個酒廠的麥芽只有 20% 是自製，只因島上所生產的大麥並不適合製造威士

酒廠資訊

地址：Holm Rd, Kirkwall, Orkney Islands KW15 1SU

電話：+44 (0)1856 873107

網址：www.highlandpark.co.uk/the-distillery

忌，所以主要的大麥都是從蘇格蘭本島買進的。酒廠自己烘製麥芽，使用的泥煤採自奧克尼島上的 Hobbister Hill 山區。麥芽泥煤含量大約與 Bowmore 酒廠的含量大約相同。地板發芽的技術所需人力很多，加上還要自己烘麥，即使只有 20% 是自製的麥芽，若不是有所堅持的酒廠是很難做到的。如果要解釋該酒廠為何能在這幾年內在島嶼區威士忌受到矚目後，成為全世界前 10 名最受歡迎單一純麥威士忌，我想一定的堅持與優良歷史傳統的使命感使然。

酒廠傳統的石造房屋非常吸引我。這家酒廠有著悠久的光榮歷史，看著石頭上不規則的紋路，顯示出歲月也在這些石頭上留下了足跡。我在廠區內待了很久，一邊觀賞酒廠漂亮的風景，一邊想像過去酒廠工人在寒風刺骨的天氣下辛勤工作。此時如果來一杯威士忌，身心應該會非常暖和吧！這家蒸餾廠是我逛過這麼多蒸餾廠中最有感覺的。Highland Park 的旅客中心被蘇格蘭觀光局評選為五星級的觀光景點。這份榮耀得來不易，蘇格蘭有許多古堡跟名勝古蹟，要獲得觀光局評選為最佳觀光景點五星級的榮耀，除了景點要有歷史且有著用心的經營者外，全體人員的服務水準都是評分的標準。這從帶領酒廠導覽的人員身上就可以發現五星級服務的特質，跟一般酒廠導覽人員不同，Highland Park 的酒廠導覽員非常認真與貼心，總會仔細解說跟耐心的回答你的問題。是我經歷過最棒的服務經驗。每每看到當初去參觀時的照片時，就很想馬上倒一杯 Highland Park 威士忌，讓自己再度享受當初暢遊酒廠的情境與愉悅。

推薦單品

Highland Park 12 Years Old

香氣：石楠花香、蜜香，淡泥煤燻息、海風與海藻香氣。

口感：口感圓潤，麥芽香甜、淡燻甜味與淡淡的柑橘味。

尾韻：中長，尾段有一股淡淡的煙燻麥味。

C/P 值：●●●●○

價格：NT$1,000 ～ 3,000

Highland Park 18 Years Old

香氣：橡木煙燻的香氣、石楠花香、海藻與輕柔的海風香氣。

口感：口感厚實，蜂蜜、泥煤味與香草味道。

尾韻：持久悠長，尾段有輕柔的海風味非常迷人！

C/P 值：●●●●●

價格：NT$1,000 ～ 3,000

Highland Park 25 Years Old

香氣：橡木香氣、太妃糖、巧克力、柑橘與熟成葡萄的香氣。

口感：口感豐富柔順，太妃糖、堅果味與熟成葡萄。

尾韻：持久悠長，尾段有柑橘與熟成葡萄的氣味。

C/P 值：●●●●○

價格：NT$5,000

Highland Park 18 Years Old & 台式熱炒

Highland Park 的威士忌除了淡雅的煙燻味之外，還蘊含著豐沛而獨特的石楠花香。台灣大部分的熱炒料理味道都偏重，大鹹大辣，但跟 Highland Park 18 年搭配起來，厚實的酒體可以平衡過多的油膩，接著花香味與熱炒的香氣會有很棒的共鳴，入喉之後殘留的是滿滿的麥芽甜味，絕對比搭配一般啤酒更能夠激發出多層次而豐富的口感。

喬治・歐威爾：「一個不可能到達的地方」

Isle of Jura

吉拉

　　Isle of Jura，蓋爾語為「鹿島」的意思。這是一個離群索居的神祕小島，無法用任何的交通工具直接從蘇格蘭的本島到此地，必須要從艾雷島搭乘小船才可抵達。作家喬治・歐威爾（George Orwell）在 1946 年四月曾造訪這裡，他稱吉拉島為：「一個不可能到達的地方」。這裡是全蘇格蘭最不方便抵達與參觀的酒廠，參觀的行程上建議先拜訪幾家艾雷島的酒廠之後再搭乘船隻去造訪，這也是一般會去參觀這酒廠的人所走的建議路線。

　　地理環境和蘇格蘭其它蒸餾廠有著極大的差異，不是那種嚴峻的高地溼地、也沒有峽谷和大湖環繞，島上環繞許多的棕櫚樹、有著開放性的海域、以及為數龐大的「鹿」到處趴趴走，這也是原蓋爾語的由來，島上居民也非常習慣在馬路上讓鹿群們先行。

　　島上所有的物資極度倚賴艾雷島的資源，包含大麥、食物、許多原料等都是由艾雷島運送過來，所以搭乘船隻參觀這島嶼途中，很有可能乘坐的船隻一半載人，另一半載貨。講到這裡不禁好奇，這島嶼的居民

酒廠資訊

地址：Craighouse, Isle of Jura, Argyll, PA60 7XT

電話：+44 (0)1496 820601

網址：www.jurawhisky.com/home.aspx

靠什麼為生？這時候，比人還要多鹿隻就派上用場了，還有農業與漁業、以及島上唯一的蒸餾廠。

酒廠旁有小旅館，也是招待國外貴賓去的地方。Isle of Jura 的廠長說：那裡也是全島社交的地方，全島的居民會在那個酒吧聚會、喝酒、娛樂、交換訊息與八卦中心，週末絕對塞滿人。誰家兒子發生什麼事情或是誰家寵物生病，都可以在這裡得知消

息！島上人口約 500 人，只有一位醫生。除了島上風景宜人，居民也很熱情，用著一種知足快樂與緩慢的態度在生活著，會不會這也是整島只需要一個醫生的原因之一？

Isle of Jura 成立於 1810 年，1830 年正式獲得執照，1853 年起經過無數次的轉讓、拆除再建、關廠開廠。1993 年被 Whyte and Mackay 併購後給與它新的生命，也吸引了較多人移居至吉拉島。酒廠出產的酒大多為其它酒廠買去作為調和威士忌的基酒，Single Malt 的產量並不多。Whyte and Mackay 接手後一直想打響酒廠與品牌的知名度，近年來陸續推出幾款單一純麥威士忌，像是 2004 年產出兩桶分別為 15 年與 30 年的原酒、2006 年推出 40 年的老 Jura 等。有別於他們賴以生存的艾雷島強勁風格，Jura 的麥芽威士忌泥煤味不重、偏向清淡口感，酒身較輕且氣味清爽。酒廠儲存廠很小，酒桶多運送到本島高地區同是隸屬 Whyte and Mackay 的 Dalmore 酒廠儲存。

Jura 10 Years Old

香氣： 橡木的香氣、焦糖、甘草以及烘培咖啡豆的香氣。

口感： 細緻醇厚的口感，細緻的香草味與淡淡的咖啡巧克力味道。海風與麥芽的香甜味非常有特色！

尾韻： 偏短，美中不足的地方。

C/P 值： ●●●○○

價格： NT$1,000 ～ 3,000

Jura 16 Years Old

香氣： 清新的麥芽與輕微的香料風味。伴隨著濃郁的奶油香氣、橘子與香料的氣味。

口感： 口感厚實，入喉之後感受到太妃糖與蜂蜜的甜甜餘韻。

尾韻： 中等，尾段有一股淡淡的太妃糖氣味。

C/P 值： ●●●○○

價格： NT$1,000 ～ 3,000

Ballantine's 高年份酒的祕密來源
Scapa
斯卡帕

　　Scapa 在古挪威語中有船的意思，酒廠成立於 1885 年，與 Highland Park 同位於奧克尼島上，最早由 Macfarlane & Townsend 在一個穀粉廠的基礎上建立。酒廠幾經易主，1954 年由 Hiram Walker & Son 接手經營，陸續增設蒸餾器與改建，也是由此時開始實驗性的使用羅門式蒸餾器。自 1997 年開始，酒廠每年有幾個月的時間是由來自 Highland Park 酒廠的員工操作與製造。2005 年被 Chivas 集團，也就是 Pernod Ricard（保樂力加）購入成為集團旗下的一員。

　　1885 年當初所建的倉庫還存留兩座，今日所見的磚房大多建於 1959 年之後。而酒廠純淨，清涼的水質來自於奧葵爾（Orquil Farm）北面的一口地下井。蒸餾所用的水取自 Lingro Burn 的小溪，泥煤味很重，但是使用的麥卻完全未經泥煤烘烤。通常島嶼區的酒多偏向海風強烈口感與厚重風格，但是 Scapa 的單一純麥威士忌卻極度輕柔、花香味、草香特別明顯，是一個相當優雅的島嶼酒。

　　Scapa 出產的酒多作為調合式威士忌使用，單一純麥量非常少。當時

酒廠資訊

地址：St Ola, Kirkwall , Orkney KW15 1SE

電話：+44(0)1856 872 071

網址：www.scapamalt.com

我去的時候是在酒廠的人安排下特地去參觀一下，酒廠不太開放給人參觀，也沒有開放專人導覽。但他們其實在 Ballantine's 威士忌中扮演一個重要的角色，可以說是 Ballantine's 的秘密基地，專門提供其高年份調合威士忌的原酒。Ballantine's 還專門為其推出一款：「Ballantine's 17 年調和式蘇格蘭威士忌典藏酒廠系列——Scapa 酒廠」限量酒款。

　　Scapa 酒廠的一個非常大的特色是採用目前很少還在運轉的羅門式蒸餾器，這種在傳統壺型蒸餾器頸上加裝圓柱型鍋爐的新型蒸餾器，號稱可以調整酒體輕重，並可蒸餾出所需不同風格的新酒。這是 Scapa 能夠提供大量原酒給 Ballantine's 作為調合威士忌基酒的重要原因。而推究 Scapa 這個高緯度恆低溫氣候中的島嶼酒廠，可以創造出低地特色的清淡柔順具花果香的酒體，也應是歸功於羅門式蒸餾器。

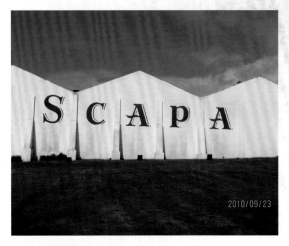

Scapa 14 Years Old

香氣：辛香與水果香，半乾的杏桃佐肉桂、臻果。

口感：圓潤甜美，先水果再來是堅果的辛香味道。

尾韻：滿短的，不過肉桂的風味綿延不斷。

C/P 值：●●●○○

價格：NT$3,000 ～ 5,000

Scapa 16 Years Old

香氣：台灣椪柑、石南花蜜、微微的海風鹹味與細緻的香草香氣。

口感：口感平衡優雅，嫩薑的刺激、烤蘋果與煙燻鮭魚的甜美。

尾韻：中長，隨後呈現的是像海藻細緻的藻鹽味。

C/P 值：●●●●○

價格：NT$1,000 ～ 3,000

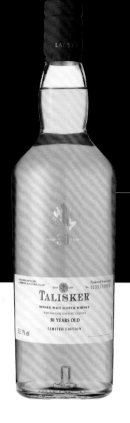

野生生蠔的絕配
Talisker
泰斯卡

Talisker 是斯凱島（Isle of Skye）上唯一的蒸餾酒廠，酒廠的位置就在海岸邊，因此在陳放威士忌的過程中會滲入豐富的海潮味，與其蒸餾出來的原酒形成微妙的共鳴，讓這些酒款同時具有細膩內斂的辛香料以及泥煤味道，但又帶著寬闊的大海氣息。想像著這麼特殊「海風味」的威士忌，與野生生蠔的鮮甜相呼應，實在是最完美的絕配！這種獨樹一格的特殊風味讓 Talisker 在全球都擁有為數眾多的追隨者。在台灣，Diageo（迪亞吉歐）集團雖然在數年前就引進這款威士忌，前兩屆的 Whisky Live 也都有展覽試飲，但大多數的台灣酒客們對 Talisker 還是相當陌生，近年 Diageo 嘗試在北中南陸續舉辦了數場品酒會，所參與的人都對這隻風華獨具的威士忌印象深刻，相信在不久的將來 Talisker 會在台灣引起一股流行風潮。

Talisker 之所以能夠擁有這麼特殊的味道，除了地緣因素之外，跟他的蒸餾器與蒸餾方式當然也有很大的關係，1928 年之前，Talisker 也是使用 3 次蒸餾，從 1830 年建廠開始，他們的蒸餾器一直保持相當特殊的外

酒廠資訊

地址：Carbost Skye Scotland IV47 8SR

電話：+44 (0) 1478 614308

網址：www.malts.com/index.php/Gateway-en

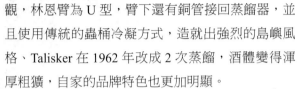

觀，林恩臂為 U 型，臂下還有銅管接回蒸餾器，並且使用傳統的蟲桶冷凝方式，造就出強烈的島嶼風格、Talisker 在 1962 年改成 2 次蒸餾，酒體變得渾厚粗獷，自家的品牌特色也更加明顯。

另一件值得一提的是酒廠的創辦人 MacAskill 兄弟，來自於鄰近於斯凱島南邊的艾格島，2011 年艾格島成立了一個傳統基金會，為了回饋島民，Talisker 推出了 252 瓶限量版威士忌，其中 102 瓶送給小島上的每一戶居民，剩下的則被搶購一空，收益全捐獻給基金會。這隻威士忌現在已經成為市場上的夢幻逸品。

推薦單品

Talisker 10 Years Old

香氣： 輕柔煙燻泥煤以及淡淡海水鹹味，適合配上新鮮生
蠔的烈酒！

口感： 口感圓潤細緻，乾果甜味帶出一陣煙燻以及強烈的
大麥芽風味。

尾韻： 悠長，尾段有一股細緻的海風氣味。

C/P 值： ●●●●●

價格： NT$1,000 ～ 3,000

Talisker 30 Years Old

香氣： 柑橘、西洋梨、海藻與燒焦的樹枝味。並伴隨油蠟
與奶油的香氣。

口感： 口感厚實圓潤。煙燻味、奶油香氣的木桶味。杏仁
堅果味。隨後產生了海藻沼澤地的氣味。

尾韻： 悠長，尾段有淡淡的胡椒與海洋的氣味。

C/P 值： ●●●●○

價格： NT$5,000 以上

Talisker 35 Years Old & 生蠔

Talisker 的酒窖位於海邊，使得他們的威士忌帶有一點清新的海風香氣，仔細品嚐還有一點微微的海鹽鹹味，這股鹹味讓 Talisker 跟大多數海鮮都非常搭配，尤其是貝類或生蠔，肥美的生蠔甜味在這股鹹味的反襯下會在你的舌間爆炸般的迸發開來，像是突然來襲的大浪，等浪潮退去後，留在舌頭上的除了生蠔的鮮味，還有迷人的麥芽甜味，是非常棒的餐酒搭配。

遠離塵囂的烏托邦
Tobermory
托本莫瑞

Tobermoty 酒廠位於海港旁邊，是世界上僅存最古老的酒廠之一。創立於 1798 年、1930 年關閉。1972 年新的老闆入主，決定將酒廠的名字更名為 Ledgiag，這也是此區域的古名，蓋爾語是「遠離塵囂的烏托邦」。海港景色優美寧靜，像一張明信片，自古以來便是水手與漁船躲避風雨的住所。1972 年到 1989 年間，酒廠經歷多次易主與變更，數次瀕臨倒閉危機，直至 1993 年 Burn Stewart Distillers（CL Financial）併購後才慢慢恢復元氣，同時用回 Tobermory 的名字。

曾造訪這家酒廠兩次，最深刻的印象就是這裡的海鮮非常好吃！最著名的是淡菜的養殖，更有人戲稱這裡是淡菜之島（Mussel Island）。酒廠就在島上旅遊諮詢處的旁邊，酒廠旁有一棟樓，原本是酒廠的倉庫，但是因為經營不善缺乏資金變賣，現在成為公寓住家。酒廠很小，大概只能容納少數人，倉庫也只能放置約 100 桶酒，於是酒廠只負責生產，年產量達到 10 萬升，再把產出的 Spirit 運到本島隸屬同集團的 Deanston 酒廠裝桶再熟成。

酒廠資訊

地址：Tobermory , Isle of Mull , PA75 6NR

電話：+44 (0) 1688 302645

網址：www.tobermorymalt.com

Tobermory 以釀造淡淡的煙燻味和順滑口感的純麥芽威士忌知名，水源來自 Mishnish Lochs，源自離酒廠西南方約兩英里的 Gearr Aabkimm lochan 深山中，製造出來的酒富有內涵另具有豐富的果香與青草味。在 Burn Stewart 入主後的數年後，威士忌調和大師 Ian MacMillan 引進艾雷島的泥煤烘麥，加入將原本滑順香甜風格的 Tobermory，創造出回到禁酒令之前的原始風味威士忌，並稱之為「Ledaig」，於是這家酒廠成為唯一具有高地區與島嶼區兩種風味、分別以兩個單一純麥威士忌品牌於市面上的酒廠。我曾經喝過 1977 年的 Tobermory，酒質非常的棒，具有不一樣的雪莉桶感覺，像是融合了海島的輕微海風與麥芽香甜、加上雪莉桶裡面木質的香，整體非常平衡和順口好喝。

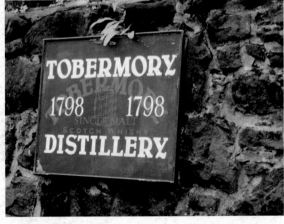

推薦單品

Tobermory 10 Years Old

香氣：芬芳香氣，有西洋梨、花生醬后土司、葉子、微微的橡膠。

口感：淡淡一抹糖漿的微甜度，清新的麥芽與厚實的酒體，加上些許穀物燕麥的甜味。

尾韻：中長，尾段有一股像清新竹子的氣味。

C/P 值：●●●●○

價格：NT$1,000 ～ 3,000

Tobermory 15 Years Old

香氣：麥芽的香甜、無花果、柑橘醬與些許的煙燻味。

口感：酒體厚實，雪莉酒的味道、牛奶巧克力、咖啡、烤橡木桶的氣味、與些許的白胡椒與海風的味道。

尾韻：中長，尾段有些許海風鹹味在口中緩慢散發逐漸退去。

C/P 值：●●●○○

價格：NT$1,000 ～ 3,000

在少數有歷史記載的文獻記錄中，愛爾蘭是最早有歷史記載生產威士忌的國家。愛爾蘭以獨特 3 次蒸餾製作威士忌方式，其酒體輕盈與口感純淨的特色，征服了許許多多威士忌迷！愛爾蘭威士忌發展到 18 世紀達到了顛峰，甚至是美國最暢銷的威士忌，隨著美國禁酒令的執行，才慢慢逐漸衰退。

目前愛爾蘭只剩下 3 家酒廠在運作。其中兩家屬於集團所擁有，只剩下一家是獨立運作的蒸餾廠。期許未來會有更多的小型獨立蒸餾廠的成立，讓愛爾蘭威士忌產業能更加多元！

第 2 章 愛爾蘭

愛爾蘭最古老的酒廠
Bushmills
波西米爾

　　很久以前就打算到愛爾蘭旅行順便參觀蒸餾廠，尤其是座落在北愛爾蘭的 Bushmills。早期在英國讀書去過英格蘭、威爾斯與蘇格蘭，但就是獨缺北愛爾蘭沒去。當時北愛爾蘭給我一種不安全的印象，畢竟早期北愛爾蘭共和軍在英國的駭人事蹟偶有聽聞，於是北愛爾蘭對我來說一直是一個遺憾，這個地方令我感到既神祕又想好好親自遊歷一番。

　　Bushmills 是一個非常小的北方小城鎮，目前隸屬 Diageo（帝亞吉歐）集團，是全世界第 2 大銷量的愛爾蘭威士忌。當然有人會質疑說整個愛爾蘭不過也才 3 家有規模的蒸餾廠，第 2 名有什麼了不起？ 但以全球愛爾蘭威士忌銷量為 200 多萬箱的數字來看，光是這裡一年就有 45 萬箱的銷量也是一種了不起的成就了。另外一件令人驚嘆的事蹟應該是該酒廠於 1784 年就合法註冊，堪稱是愛爾蘭最古老且還在營運的合法蒸餾廠。

　　遊客中心是一棟古老的磚造建築物，上頭寫著 Old Bushmills Distillery Ltd.。 這棟建築似乎在提醒所有來參觀的旅客，不要忘記了我們悠久的歷史。每一個 Diageo 的蒸餾廠遊客中心都有一些共同特徵：漂亮

酒廠資訊

地址：2 Distillery Rd, Bushmills, County Antrim Northern
　　　Ireland BT57 8XH

電話：+44 (0) 28 207 33218 OR +44 (0) 28 207 33272

網址：www.bushmills.com

的遊客中心、豐富的商品與年輕的導覽小姐。
參觀愛爾蘭的蒸餾廠，導覽小姐一定會強調酒
廠裡愛爾蘭威士忌跟蘇格蘭威士忌有何不同。
首要就是愛爾蘭的威士忌採用 3 次蒸餾讓酒質
更純淨。另一個重點為這裡使用兩種不同的麥
芽，一種為無煙燻泥煤的（Unpeated）；另一
種為微煙燻泥煤的（Slightly Peated）。

　　酒廠的酒窖放著一桶酒讓大家自由聞其香
味，是酒廠內精選的威士忌，有興趣可以在酒
廠商店購買。另一個特別的服務是你可以將自
己的名字印在酒標上。雖然知道這是許多商業
酒廠會玩的把戲，但可以把自己的名字放在酒
標上的吸引力，還是會讓人忍不住乖乖掏錢買
單。

　　Bushmills 酒廠占地面積非常大，也是少數
結合裝瓶工廠在一起的酒廠。當參觀到裝瓶工
廠時，竟然發現 Jameson 的威士忌在工廠裡裝
瓶，好奇地問了導覽小姐，Jameson 威士忌不是
Pernod Ricard（保樂力加）集團的，怎麼會在
Diageo 的工廠裝瓶呢？她回答說有時候工廠會
幫 Jameson 代工裝瓶，以應付產能空窗期。這
印證了英國人的一句話：「沒有永遠的朋友與
敵人；只有利益是永遠的朋友。」在競爭激烈
的酒業，還是要懂得互相合作。

推薦單品

Bushmills Original

香氣：細緻的草香、淡淡的花香與堅果的香氣，並帶有一絲絲金屬生鏽的氣味。

口感：口感細緻輕柔，西洋梨、桃子、梨子與麥芽的香甜味。

尾韻：很可惜偏短。

C/P 值：●●○○○

價格：NT$1,000 以下

Bushmills 10 Years Old

香氣：細緻的杏仁、淡淡的堅果與麥芽香氣。

口感：口感圓潤，烘烤杏仁、奶油太妃糖與微微的青草味。

尾韻：中長。

C/P 值：●●○○○

價格：NT$1,000 ～ 3,000

Bushmills 16 Years Old

香氣：蜂蜜、蘋果派、烤花生與肉桂的香氣。

口感：口感濃郁圓潤，綜合水果糖、焦糖布丁、太妃糖與麥芽糖的味道。

尾韻：悠長細緻。

C/P 值：●●○○○

價格：NT$1,000 ～ 3,000

小蝦米酒廠的抗爭
Kilbeggan
奇爾貝肯

　　現今整個愛爾蘭威士忌業界幾乎已經被所有大集團所掌握。例如：Bushimills 屬於全世界最大的酒商 Diageo（帝亞吉歐）集團，全愛爾蘭銷量最大的威士忌 Jameson 則是屬於全世界第二大酒商 Pernord Ricard（保樂力加）。以上兩家蒸餾廠就佔了超過4/5的愛爾蘭威士忌的銷量。不過，愛爾蘭威士忌業界正在上演一場小蝦米對抗大鯨魚的戲碼，那隻小蝦米就是目前愛爾蘭唯一獨立蒸餾廠—— Cooley。Cooley 蒸餾廠位於愛爾蘭中部的 Cooley 城鎮中，成立於 1987 年，當初成立這家酒廠時，在愛爾蘭當地造成不小的轟動。因為大約近半世紀沒有新的愛爾蘭蒸餾廠成立了，經營者需要非常大的勇氣與遠見，才能讓這家小型蒸餾廠在大型酒商的夾縫中求生存。

　　當我拜訪這家酒廠時正逢維修期間不方便參觀，於是酒廠人員帶領我去參觀該公司所擁有的 Kilbeggan 蒸餾廠。Kilbeggan 蒸餾廠原名為 Locke's Distillery，後來改名為 Kilbeggan 蒸餾廠。酒廠於 1988 年被 Cooley 公司買下，直到 2007 年才重新開幕。在這之前已沉寂了 50 年。

酒廠資訊

地址：Lower Main St, Kilbeggan, Co. Westmeath, Ireland

電話：+353 (0)57933 2134

網址：www.kilbeggandistillery.com

　　這家酒廠極具歷史意義，到現在還保存了以前舊廠的所有建築與設施。酒廠目前將舊廠區改建成 Locke' Distillery Museum 博物館開放給旅客參觀。Locke's 蒸餾廠成立於 1757 年，是全世界最古老的蒸餾廠，Bushimills 則是最古老還在營運的酒廠。

　　大部分的蒸餾廠蒸餾室是不准遊客參觀的，而這酒廠的蒸餾器竟然設置在半戶外的空間中，讓所有參觀者能很清楚地看到酒廠蒸餾器的形狀。Kilbeggan 酒廠採用 2 次蒸餾，跟傳統印象愛爾蘭蒸餾廠都採用 3 次蒸餾不同，大概是想跟 Cooley 蒸餾廠做出區隔吧。他們還有自己的製桶工廠，我也正好看到桶匠正在組裝木桶。除此之外，其它生產線也都開放給遊客參觀。對於不了解威士忌製造過程的人，這是一間非常值得參觀的酒廠，因為所有的生產過程都開放參觀。旁邊還有個 Locke's 博物館，參觀者可很輕易了解過去跟現代的威士忌生產過程有何不同，是一間極具教育意義與歷史文化的酒廠。

　　完成整個參觀行程後，所有的參觀者還可以到酒廠的附設酒吧喝一杯。據酒吧的接待人員表示，由於酒廠的酒吧也開放給當地的居民，每天晚上可是所有鎮民聚集的重要場合，酒吧幾乎是夜夜笙歌，酒吧休假日可是常常會受到當地居民的無情抗議，畢竟過了數十年好不容易才復廠，我想當地居民是用實際喝酒的消費行動來支持酒廠！

Kilbeggan Irish Whiskey

香氣：檸檬皮、萊姆、橡木與麥芽的香氣。

口感：口感柔順，燻烤麥芽與水果太妃糖的味道。

尾韻：中短。

C/P 值：●●○○○

價格：NT$1,000 以下

Kilbeggan 15 Years Old

香氣：美國白橡木、櫻桃與熱炒焦糖堅果的香氣。

口感：口感圓潤，有微甜香蕉與椰子的味道，並帶有微微
熟成水果與青草地氣味。

尾韻：中短，以一款 15 年的威士忌，尾韻確實偏短！

C/P 值：●●○○○

價格：NT$1,000 ～ 5,000

愛爾蘭威士忌 Jameson 的故鄉

Midleton

麥可頓

　　愛爾蘭南部有一個叫 Cork 的城鎮，是愛爾蘭共和國的第二大城，Midleton 蒸餾廠就位於 Cork 城鎮的市中心，同時也是大名鼎鼎愛爾蘭 Jameson 威士忌的故鄉。如果你沒聽過 Jameson 威士忌與 Guinness 啤酒，那你就真的不知道愛爾蘭了。

　　來到 Cork 城鎮後，遵循著交通指示牌，就可以很快地找到 Midleton 蒸餾廠。進入酒廠的入口處，你會發現一個巨大石制拱門，上面寫著「The Jameson Experience」，似乎在告訴你 Jameson 威士忌的重要性。

　　Jameson 威士忌可說是愛爾蘭威士忌業界的巨人，每年在全球銷售 275 萬箱，占了全球愛爾蘭威士忌 60% 的市場。

　　進入遊客中心前，左手邊有一個巨型的蒸餾器模型，遊客中心入口處也可以看見 Jameson Irish Whiskey 的招牌。我很喜歡這個遊客中心，因為它連結了遊客商店與遊客餐廳，旁邊又有一個很有味道的愛爾蘭式吧檯。在遊客中心等待導覽開始時，你可以在吧檯先喝一杯，事先品嘗一下該酒廠的威士忌。

酒廠資訊

地址：Distillery Walk, Midleton, Co. Cork, Ireland

電話：+353 (0)21 461 3594

網址：www.jamesonwhiskey.com

　　導覽開始時，會先安排在酒廠的視聽室看 Jameson 品牌故事與酒廠歷史，看完後導覽員帶領大家開始講解威士忌製造過程與酒廠的導覽。Midleton 酒廠導覽並不會帶你去看真實的生產過程，而是去參觀酒廠精心規劃與保留的古老酒廠。例如導覽人員在烘麥室裡拿出一個石磚去解釋該酒廠是如何利用石磚間的細縫讓熱空氣能通過石磚，進一步去烘乾麥芽。這一點跟蘇格蘭的酒廠有點不一樣，蘇格蘭通常都是用鐵板中的細縫讓熱空氣通過隙縫去烘乾麥芽。

　　在這裡可以看到古時候酒廠如何利用水車來產生動力，提供酒廠所需要的能源。這是一個很有趣的行程，可以了解早期酒廠的運作與為何酒廠都需要靠在河邊，不僅僅是需要清澈的水來蒸餾酒，還需要河水帶動水車，提供酒廠所需要的動力。在蒸餾室裡，導覽人員講解了 3 次蒸餾的好處，也仔細講解酒廠的冷凝器是用戶外的蟲桶。最後他帶領大家參觀古時候的酒窖，順便講解 Angel Share 的原因與每年會有大約 2% 的酒從酒桶蒸發。

參觀完酒廠後，他帶領了大家品嘗蘇格蘭威士忌、美國波本威士忌與愛爾蘭威士忌。然後誘導式地問我們哪一個香氣比較細緻……最後又問我們那一國家的威士忌比較好喝呀？我想不用說大家也知道最後的結果。等到回答問題完，導覽人員還發給每一個人證書，證明你已經通過 Jameson School 的考驗了！每個人都開心的接受證書與導覽員合照，真是把體驗行銷發揮到淋漓盡致呀。

Midleton Barry Crockett Legacy

香氣：青草、草莓、剛熟成的桃子與細緻的松柏木的香氣。

口感：口感純淨，青蘋果、杏仁、黑醋栗與淡淡的麥芽甜味。

尾韻：中長，尾段有淡淡的橡木與黑醋栗的氣味。

C/P 值：●●●○○

價格：NT$5,000 以上

Midleton Single Cask 1996

香氣：香瓜、草莓、堅果、牛奶糖與麥芽的香氣。

口感：口感圓潤滑順，西洋梨、薄荷、冰糖、蘋果派的口味。

尾韻：細緻悠長。

C/P 值：●●●○○

價位：NT$5,000 以上

日本威士忌近年來在國際屢獲大獎，聲勢更甚於其它國家的威士忌。

基本上，日本主要的威士忌酒廠都是由三家大型集團所擁有。日本 Suntory（三得利）集團擁有山崎與白州蒸餾廠；NiKKa 集團擁有余市與宮城峽蒸餾廠；Kirin（麒麟）集團擁有富士山麓蒸餾廠。未來的明日之星為近年來新成立的秩父蒸餾廠。秩父蒸餾廠為小型獨立的蒸餾廠，靠著其小有彈性，以及創新與堅持的製造威士忌的方式，逐漸在國際受到矚目。另外還有兩間墜落的隕星——羽生與輕井澤，值得大家關注。這兩家關廠的日本威士忌酒廠，發行了一系列剩餘酒桶的單桶原酒後，受到全世界日本威士忌愛好者的喜愛，單桶威士忌身價水漲船高，國際間的拍賣價格屢創新高。

第 3 章 日本

體驗富士山之美
Fuji-Gotemba
富士御殿場

　　富士御殿場建廠於 1973 年，位處東京與大阪之間 。座落在富士山的山腳下，優越的地理位置涵蓋了所有製造威士忌的條件：附近環繞茂盛的森林製造出清新的空氣、適中的溫度以及大量從山上溶化的雪水，水性柔軟、經過火山石的過濾後更清澈純淨，有利釀製上乘的威士忌。這裡的平均氣溫為攝氏 13 度，只有幾天最高溫會到 30 度，與蘇格蘭的氣候相當接近，且周遭充滿霧氣濕度充足。這些富足的自然環境使御殿場的風格多屬優雅香醇。

　　酒廠由 Kirin Seagram Co.（麒麟施格蘭）成立。Kirin Seagram Co. 是 Kirin Brewery（麒麟酒業有限公司）與 JE Seagram Co. Ltd（加拿大 JE 施格蘭有限公司）和 Chivas 集團，也就是 Pernod Ricard（保樂力加）集團共同成立的合資公司。酒廠內設備完善，擁有麥芽威士忌蒸餾器與穀物威士忌蒸餾器 2 種不同類型，不僅利用電腦化程序與規劃，另有大型裝瓶工廠和製桶工坊等，相當規格化與制度化。

　　酒廠產出的單一純麥威士忌多作為調和威士忌的基酒為主，自 1999

酒廠資訊

地址：靜岡縣 御殿場市柴怒田 970 番地 412-0003

電話：+81 (0) 550 89 4909

網址：www.kirin.co.jp

年起，每年都推出的 Evermore 調和威士忌，使用與 Chivas 相同的混合麥芽威士忌成分，再與富士御殿場自己生產的穀物威士忌進行調和後，於日本進行陳年。所以現在市面上很難見到這家酒廠出產的單一純麥威士忌。其實他們的原酒是很好喝值得一試的，只可惜 Kirin 的重點並不著重在此。

　　由於擁有大型的裝瓶廠的優勢，Kirin 同時是許多國外酒品牌的代理商，所以他們也裝瓶其它酒廠的酒，流程上是把酒裝在大型酒精儲存桶運到此地，再依照時間、以及量的需求再裝瓶，這樣的好處是可以節省關稅。例如：知名的波本威士忌 Four Rose 就是由這裡裝瓶。

　　2002 年，他們才開始陸續有比較多的單一純麥的產出，一直以來的目標是要製造出東方豐澤風格（Ester-rich）的純麥威士忌。

Fuji Gotemba Single Grain Whisky 15 Years Old

香氣：花香、香草、麥芽糖，漸漸的變成太妃糖般的奶油香的香氣。

口感：口感圓潤，香草與麥芽的甜味特別明顯。

尾韻：中短，尾段主要是橡木與麥芽的氣味。

C/P 值：●●●○○

價格：NT$3,000 ～ 5,000

Fuji Cotemba Single Malt Whisky 18 Years Old

香氣：新鮮的青草香氣、淡淡的橡木與香草香，慢慢的麥芽的香氣變的更明顯。

口感：口感輕柔細緻，橡木、香草與麥芽的口感特別明顯。

尾韻：悠長。

C/P 值：●●●○○

價格：NT$3,000 ～ 5,000

仙境中創造出的細緻極品
Hakushu
白州

　　白州蒸餾廠建立於 1973 年，位於日本南阿爾卑斯山（Southern Alps）的山腳下，山梨縣境內，是日本目前最高的威士忌酒廠。1981 年在同一塊土地上又建立了東白州蒸餾酒廠，後來兩者合併營運，還是沿用白州蒸餾廠的名字。現在到日本在新宿車站坐上電車，僅需 2 小時，再換乘計程車約 10 分鐘，就可以來到如同世外桃源般的白州蒸餾廠。

　　白州所使用的麥芽大都由歐洲進口，是經過泥煤烘烤、澱粉含量較高的二稜大麥 Optic；再混合使用啤酒酵母與其它種類的酵母開始發酵程序，共約需 72 小時，因此白州的酒雖然帶有泥煤味，口感卻相當柔和，白州別樹一格的特色由此而來。另有一說是因為白州的位置約位於海拔 700 公尺以上，在蒸餾原酒時的沸點較低，沸點高的酯類不容易被蒸餾，因此酒體較為輕盈。另外白州的水源，經過南阿爾卑斯山脈的甲斐駒岳層層花崗岩過濾的尾白川，含有非常多的礦物質，這樣做出來的原酒是非常澄淨、帶有細緻的芳香與淳厚的口感，造就了白州的獨特風格。附帶一提，這個水質純淨到可以出產礦泉水的等級！

酒廠資訊

地址：山梨縣北杜市白州町鳥原 2913-1

電話：+81 (0) 551 35 2211

網址：www.suntory.com/factory/hakushu

　　白州廠內配備了 12 座巨大的蒸餾機，雖然與同隸屬於 Suntory（三得利）集團的山崎蒸餾廠一樣是 6 組，形狀卻頗有差異，因為白州與山崎所使用的大麥原料本就有所差異，想要做出來的原酒口味也不一樣，因此蒸餾器的設計當然也不同。白州的全都是以直火加熱，因此生產的原酒種類僅約 40 種，但特色卻更為鮮明。場址位於群山之間，力求與大自然共生，Suntory 為了維護這優越的自然環境與水源，將酒廠附近的森林全數買下，同時以最不破壞自然的方式作業，廠內連巴士都是全電動的，完全沒有廢氣問題。酒窖大多是層架式，光我們造訪的那個酒窖約可儲存 2.4 萬桶原酒，而整個白州的總窖藏數達到 40 萬桶之多，相當驚人。

　　由於位於山區，白州蒸餾廠的溫度跟蘇格蘭非常接近，陰涼宜人，也給了儲存的酒藏最好的熟成環境。白州主要使用 4 種不同的橡木桶做陳年，而且是日本少數有自己製作桶子的酒廠，連山崎酒廠所使用的橡木桶都有很許多出自於此。

　　白州被賦予的任務是要創造出與同集團的山崎不同風貌，風格非常細緻、清新有迷人的香草味，非常適合 High Ball 的喝法，並帶有淡淡的煙燻味。適合搭配海鮮、燻烤的食物，會襯出食物的風味而自己又散發淡淡的清香。如果沒有嚐試過日本威士忌的話，可以白州作為入門的第一支，他們的細緻與質感相當具備 Japanese Style ！

　　廠內附設的威士忌博物館具有日本全詳細的威士忌歷史相關資料，眺望台的設計可以讓遊客瞭望並欣賞周邊優美的景色，非常值得一遊。店內販賣的咖哩飯與煙燻鮭魚更是一絕，是利用他們的木桶剩下的屑木去烘烤出來的，與自家的威士忌形成了完美絕配！

Single Malt 單一純麥威士忌一本就通
Whisky

The Hakushu Single Malt Whisly

香味：香草、橡木、酸桔、薄荷與森林香氣。

口感：口感淡雅，充滿香草、美國白橡木、煙燻與柚子的口感。

尾韻：中長，尾段有淡雅的泥煤氣息。

C/P 值：●●●●○

價格：NT$1,000～3,000

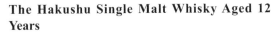

The Hakushu Single Malt Whisky Aged 12 Years

香氣：森林的清新芬芳香氣、細緻煙燻泥煤、香草、麥芽、檸檬皮。

口感：口感細緻圓潤，細緻的香草與煙燻泥煤味非常迷人。

尾韻：中長，尾段有一股綿長淡雅的煙燻味。

C/P 值：●●●●○

價格：NT$1,000～3,000

The Hakushu Single Malt Whisky Heavily Peated

香氣：煙燻泥煤、青草、燻燻鮭魚、太妃糖、香草與麥芽的香氣。

口感：口感圓潤厚實，香草、麥芽與煙燻味道融合成完美的協奏曲！

尾韻：悠長，尾段有一股輕柔的煙燻味。

C/P 值：●●●●●

價格：NT$3,000～5,000

新白州單一純麥威士忌 & 日式握壽司

　　來自同一個國家的餐酒總是會有很好的互動，這個現象反應在日本尤其明顯。新白州是酒廠現任首席調酒師福與伸二為了要打入年輕消費者市場的特別作品，除了純飲之外，也非常適合以 High Ball 的形式飲用，帶有輕柔迷人的薄荷與泥煤香氣，搭配握壽司食用，建議可以不要另外加上芥末，泥煤的香氣就足以消去魚肉的生腥味道，薄荷與柑桔的味道則會把魚肉與醋飯的鮮甜完全襯托出來，令人愉悅。

推薦餐廳：高玉日本料理

地位崇高的日本獨立酒廠
Hanyu & Chichibu
羽生 & 秩父

羽生原本隸屬於東亞酒造，是專門釀造清酒與燒酎的酒廠，1946 年於關東埼玉縣成立，並在 1983 年開始專門蒸餾威士忌，同時傳承古蘇格蘭的制酒方式。2000 年陷入經營危機易主，新的擁有者在 2004 年決定拆除廢棄羽生蒸餾廠，並且計劃丟棄約 400 桶純麥威士忌原酒。東亞酒造創始人的孫子肥土伊知郎得知消息之後，怎麼樣也不願祖父的心血就這樣被廢棄，極力奔走將這批原酒買下後，協調存放在福島縣製造清酒的酒廠——笹の川酒造株式會社存放。

2004 年肥土伊知郎於崎玉縣成立了 Venture Whisky，於 2005 年開始將這批原酒命名為 Ichiro's Malt 的品牌裝瓶上市。有一系列的酒非常有趣，每款酒以不同的撲克牌花色與數字作為酒標設計，我曾經問過伊知郎先生為什麼一開始要用撲克牌作為酒標設計，有什麼特別意義？他回答我，因為一開始也不知道要用什麼作為酒標設計，於是抽張撲克牌，抽到什麼那款酒就以那張撲克牌作為酒標。這或許是個玩笑話，但是並不代表這系列的酒跟這說法一樣隨性，像是 2006 年獲得日本威士忌最高榮譽賞的 Ichiro's Malt，就是以方塊 13 為其酒標。事實證明，羽生威士忌相當受好評與讚譽，不但銷售成績不錯，在歐洲也很受歡迎。據現在的獲得的數字，羽生目前只剩下 10 桶，陸續會上市銷售，所以我們可以

酒廠資訊

地址：埼玉縣秩父市，丘 49　368-0067

電話：+81 (0) 494 624 601

說，這品牌的威士忌是喝一瓶就少一瓶，相當珍貴。

　　參觀酒廠時可以發現，其實羽生是跟清酒廠合在一起，雖然威士忌停產了，但清酒與燒酎依舊持續生產中，原本蒸餾威士忌的銅製蒸餾器還存在，現在被用來作為蒸餾燒酎使用。

Hanyu 2000 Cask#1305

香氣：香草、橡木、柑橘、巧克力、葡萄乾與黑巧克力。

口感：口感渾厚，充滿香草、美國白橡木、巧克力與柑橘的口感。

尾韻：中長，尾段有淡雅的煙燻柑橘與黑巧克力氣味。

C/P 值：●●●○○

價格：NT$5,000 以上

Hanyu 2000 Cask#9523

香氣：水楢木的香氣、細緻煙燻、香草、麥芽與奶油的香氣

口感：口感細緻圓潤，細緻的香草與煙燻味非常迷人

尾韻：中長，尾段有一股綿長淡雅的煙燻木桶味

C/P 值：●●●●○

價格：NT$5,000 以上

　　2007 年伊知郎先生在羽生酒廠不遠處開始建造 Chichibu 秩父酒廠並於 2008 年開始生產，是全日本最新的酒廠，位於東京西北方埼玉縣秩父市，距離東京約兩小時車程。依循傳統，在建造前，伊知郎先生還特別邀請了日本神道教的神職人員來主持傳統的破土典禮。秩父酒廠使用兩種不同品種的麥芽，分別來自德國與蘇格蘭，烘培完成再運到日本。但伊知郎先生的目標是成為一個自給自足的酒廠，他未來計劃種植麥芽、甚至在鄰近區域找到了開採泥煤的地點。酒廠目前擁有 1 座糖化槽、5 座由日本橡木打造的發酵桶，一對來自蘇格蘭由 Forsyth 生產的蒸餾器。

　　由於酒廠還非常的新，秩父在 2008 年裝瓶了在美國波本橡木桶才熟成幾個月的新酒，濃度在 62% 至 64% 之間。值得一提的是，在蘇格蘭通常使用奧瑞岡木或者是不鏽鋼作為發酵槽，但是伊知郎先生特別使用水猶木（日本橡木）製作發酵槽，所以秩父的酒質特別細緻，2011 年秩父出產第 1 支威士忌（The First），雖只熟成 3 年，精緻與細膩度獨具一

格不輸大廠，且非常具有日本的東方味。伊知郎先生在威士忌的生意上還有其它多元化的參與，例如他們目前正幫輕井澤剩下珍貴的酒桶裝瓶；而他手上還有之前買進川崎（Kawazaki）酒廠在雪莉桶熟成的穀類威士忌，當初是用來作為羽生生產調和威士忌使用，也是只有珍貴的 10 桶！以他對威士忌的熱情與品質堅持、以及在生意上的多元觸角，相信秩父未來一定是日本的明星酒廠。而不同於日本其它威士忌酒廠，秩父與羽生，是日本少數能躍上國際的獨立酒廠，在境內擁有一定的地位與尊重，所以只要有酒出產，一定是秒殺般的支持！

Ichiro's Malt The First

香氣：香草、橡木、奶油、檸檬皮與麥芽的香甜味。

口感：口感濃郁，充滿香草、美國白橡木與奶油的口感。

尾韻：中長，尾段有淡雅的奶油氣息。

C/P 值：●●●●○

價格：NT$3,000 ～ 5,000

Ichiro's Malt The Floor Malted

香氣：細緻煙燻、香草、麥芽、柑橘皮與草香。

口感：口感細緻圓潤，細緻的香草與麥芽甜味非常迷人。

尾韻：中長，尾段有一股綿長淡雅的橡木與麥芽的氣味。

C/P 值：●●●●○

價格：NT$3,000 ～ 5,000

Ichiro's Malt The Peated

香氣：細緻煙燻泥煤、青草、燻燻鴨、橡木、香草與麥芽
的香氣。

口感：口感圓潤厚實，橡木桶、麥芽與煙燻味道融合成完
美的協奏曲！

尾韻：悠長，尾段有一股輕柔的煙燻味。

C/P 值：●●●●●

價格：NT$3,000 ～ 5,000

珍貴停產的威士忌華麗逸品

Karuizawa

輕井澤

　　輕井澤蒸餾所是在 1955 年由美露香集團所建立，是日本最小的蒸餾廠，精小又忠於傳統製成。位於日本的避暑勝地輕井澤，四周被淺間山、鼻曲山、碓冰嶺等山峰所包圍，夏季氣候涼爽。地處海拔約 1,000 米的高原地帶，這裡落葉松和白樺樹生長茂盛，水源純淨、自然環境宜人，從 19 世紀末開始輕井澤就成為日本有代表性的避暑勝地而發展至今。

　　美露香集團之前是以釀造紅酒為主，2007 年 Kirin Holdings Company, Limited（麒麟控股株式會社）將輕井澤與美露香買下。但遺憾的是，Kirin 並沒讓輕井澤恢復生產，他們只是將輕井澤留下的庫存拿來當旗下另一家酒廠富士御殿場的調酒基酒，這實在是一件讓人難以接受的事實，也反應出市場的殘酷。

　　考量所有的因素，製造成本太高是導致輕井澤難以在市場生存的主要原因。輕井澤是日本第一家使用從蘇格蘭進口發芽大麥，也是與 Macallan 使用的同一品種── Golden Promise Barley，使用的泥煤也是從蘇格蘭直接進口。不同於其它日本酒廠使用日本橡木，酒廠 99% 都使用西班牙雪莉桶做熟成，其餘是用波本桶與紅酒桶。堅持著進口原料與昂貴的酒桶，雖然品質極優但酒廠的生產量卻不多，總和這些因素，導致其無法繼續生存，2000 年便停廠了。

酒廠資訊
已關廠

　　非常值得一提的，該蒸餾廠的發酵桶跟多所蒸餾廠一樣，曾經使用不銹鋼桶，然後又換回木桶。原因是換成不銹鋼槽容易清洗，但酒質變了所以又改回木製槽。所用的水是在輕井澤當地的水，屬於硬水。輕井澤在遊客試喝區裡有免費的水讓大家試喝，他們強調用原始蒸餾酒的水搭配該酒廠的威士忌更美味，這也是該酒廠的一項特色。

　　到目前為止，整家酒廠只剩下 300 桶可裝單桶原酒的酒，整體風格華麗偏甜。1984 年份以前的老酒，只剩下 80 桶，其餘的皆於 1990 至 2000 年間。其中紅酒桶的威士忌有豐富的果香味，酒體非常飽滿，口感異常柔順，只有僅僅 18 桶。這珍貴的 300 桶酒，已經被 3 家公司買走，分別是英國 The Whisky Exchange、法國 La Masion Du Whisky 以及台灣華緯國際（www.spirits.com.tw），基於喝掉一瓶就少一瓶的現況，如果想要試試看輕井澤華麗飽滿的高貴特質，最好趕快出手收藏！好消息是，1960 年最老的酒目前尚未面世，但預計將來會讓有興趣的威士忌迷們一「嚐」芳澤。

推薦單品

Karuizawa 1977 Cask#3584

香氣： 乾葡萄、櫻桃、草莓、蜂蜜、橘子皮與細緻的黑巧
克力。

口感： 口感圓潤，蜂蜜的香甜味、柑橘的酸甜、杏仁堅果
與細緻的橡木氣味。

尾韻： 悠長，尾段有一股細緻葡萄乾與肉桂香氣。

C/P 值： ●●●●○

價格： NT$5,000 以上

Karuizawa 1976 Cask#7818

香氣： 熟成葡萄、巧克力、堅果、麥芽、細緻的橡木香氣
與蜂蜜的香甜。

口感： 口感厚重，櫻桃、烘烤杏仁堅果、梅乾與麥芽香甜
的口感。

尾韻： 悠長，尾段有一股細緻的巧克力與酸梅的氣味。

C/P 值： ●●●●●

價格： NT$5,000 以上

Karuizawa 1972 Cask#8833 40 Years Old

香氣：梅乾、太妃糖、淡淡的硫磺、橘子果醬、麥芽、蜂蜜與草莓果香。

口感：口感渾厚，有來自雪莉桶的芳香、蜂蜜、葡萄乾、柑橘與巧克力。

尾韻：悠長，尾段有一絲絲黑巧克力與奶油氣味。

C/P 值：●●●●●

價格：NT$5,000 以上

Karuizawa 1967 Cask#2725 45 Years Old 命之水

香氣：熟成水果、雪莉酒、橡木、草莓、橘子果醬與黑巧克力的香氣。

口感：口感醇厚複雜，有豐富的熱帶水果、細緻煙燻木桶與淡淡的黑巧克力味。

尾韻：悠長，尾段有非常悠長的熟成水果、巧克力與橡木的氣味。

C/P 值：●●●●●

價格：NT$5,000 以上

為亡妻成立的酒廠
Miyagikyou
宮城峽

　　位於仙台的宮城峽（Miyagikyou）蒸餾廠，是 Nikka 集團中的第二家蒸餾廠。仙台的特產為牛舌，一出新幹線的車站，會發現許多的店家在販賣牛舌的相關產品，種類之多會讓人眼花撩亂。走在仙台市的街道，讓人感覺這是一個日本北部重要的城市，非常先進與乾淨，尤其該城市的空氣非常舒服。不過街上的餐廳還是以牛肉與牛舌為主，有種「牛舌之都」的感覺。

　　市中心距離宮城峽蒸餾所約 1 個半小時的車程。參訪的時候決定以搭公車的方式前往。路上的風景非常宜人，可以真實的感覺到農村的平靜的生活是一種無價的幸福。終於抵達宮城峽蒸餾所後。第一眼看到這個地方，直覺這裡好像漂亮許多的蘇格蘭休閒渡假村。

　　宮城峽蒸餾所是竹鶴政孝先生所建，他是日本威士忌產業界的祖師爺，早期赴蘇格蘭留學，長得很帥很有洋味，還娶了位美麗的蘇格蘭老婆，在蘇格蘭的 Longmore 學習蘇格蘭威士忌的相關知識後才返回日本。日本的主要蒸餾廠，包括山崎、余市與宮城峽都是由他所建立的，他在

酒廠資訊

地址：宮城峽仙台市青葉ニッカ 1 番地

電話：+81 (0) 22 395 2865

網址：www.nikka.com

日本威士忌產業可是擁有無可比擬的崇高地位。據說竹鶴先生喝到了一口新川的水之後，其水質讓他驚為天人，於是決定宮城峽酒廠設在此處，還特地立碑來紀念找到如此棒的水源。

Nikka 集團下有兩間蒸餾廠，北有余市，南有宮城峽，所以又有人稱余市是高地威士忌；宮城峽為低地威士忌。

酒廠於 1969 年建立，據說是竹鶴先生的太太過世後，他想要做一些事情紀念她，考量到余市的強烈口味，他更想要製造口感溫和的麥芽威士忌，同時滿足公司調和威士忌日增的需求，宮城峽因而誕生。酒廠於 1979 年與 1989 年兩度改建。雖然在改建的過程中，讓竹鶴先生想要保存的蘇格蘭酒廠的風貌有點走樣，但還是能發現酒廠想盡力在現代與傳統中取得平衡點的努力。1989 年推出 12 年仙台宮城峽單一純麥威士忌。主要銷售點在仙台，1999 年改名為 12 年仙台單一純麥威士忌。2001 年為了將銷售網拓展到全日本，正式命名為宮城峽單一純麥威士忌。

走入酒廠裡會先進入遊客中心，酒廠的中央有一座非常迷人的湖泊，但酒廠內一切的工業化與標準化，讓我感覺好像在逛一間工廠，非常無趣。但意外發現酒廠還有古菲氏蒸餾器，據說不僅用來蒸餾穀類威士忌，偶爾還會用來蒸餾麥芽威士忌。為的就是要讓調酒人員，有更多不一樣風味的原酒。

到了桶子存放區，除了沉睡中的橡木桶，還很貼心放了 3 個桶子，讓遊客可以去聞一聞，了解酒放在木桶裡因時間變化所導致的香氣變化會如何。這是我逛過那麼多家酒廠，第一次發現有

酒廠這樣做的。上前試了一下，果然酒齡比較年輕的桶子，木桶味與酒精味非常重；相反地，酒齡比較老的，香氣四溢，讓人感受到該酒廠單桶原酒的魅力。

到了試飲區，導遊小姐介紹一系列的宮城峽酒廠出的酒款，旗下調和式麥芽威士忌品牌「竹鶴」17年讓我印象深刻。其用宮城峽與余市的麥芽威士忌加上穀類威士忌調和而成的調和威士忌，能同時品味兩家酒廠的風格，是購酒的首要選擇。此酒款同時也是竹鶴先生為了他太太而出的紀念酒款。試飲區提供的酒非常大方，無限暢飲自己倒，好在我知道自己肝只有一個，好酒是喝不完的，只好挑選幾杯自己想品嚐的酒來試飲。

在離開酒廠的公車上，心理想著一件事，也許目前工廠化的生產並不是竹鶴先生所要的，傳統費工看似愚笨的作法，或許是一種美麗的依循。若是依照前人的作法，我們能品嚐跟幾百年前古人所品嚐相同的美酒，彷彿我們跟古人在作一場跨時代的交流。

可惜經過福島地震之後，宮城峽因為要檢測輻射值同時兼顧品質的維持，所以最近幾年出產的量也不比以往了。

Miyagikyou 10 Years Old

香氣：花香、胡椒、蘋果西打，漸漸的變成太妃糖般的奶
　　　油香的氣味。

口感：口感圓潤，甜甜酸酸，像是梨子糖漿、亮光劑與柑
　　　橘口感。

尾韻：中短，尾段主要是橡木與辛香料的風味。

C/P 值：●●●●○

價格：NT$1,000 ～ 3,000

Miyagikyou None Age

香氣：新鮮的蘋果汁、淡淡的橡木與水果泥，慢慢的木頭
　　　氣味轉變成香甜的餅乾與枸杞。

口感：口感厚重，一開始有點酸，接著風味變得有點平
　　　淡，有薄荷和濃厚的水果味，感覺有點膩人。

尾韻：中短。

C/P 值：●●●○○

價格：NT$1,000 以下

日本威士忌祖師爺的愛情與堅毅
Nikka Yoichi
余市

　　2008 年在被視為業界聖經的 *Whisky Magazine* 舉辦的世界威士忌競賽（WWA）中，最受矚目的「全球最佳單一純麥威士忌」獎項頒給日本北海道一家著名釀酒廠所出產的威士忌，這是首度有蘇格蘭地區以外的釀酒廠獲得此項殊榮。獲獎的就是 Nikka 余市蒸餾廠的「1987」威士忌。這項殊榮的背後，有著突破又堅持傳統的平衡、以及創始人竹鶴政孝與他蘇格蘭妻子在文化衝突與戰爭背景交錯下的堅忍愛情、以及對威士忌的無盡熱情。

　　竹鶴先生出生自日本大家族，由於對威士忌味道的熱愛，1918 年遠赴蘇格蘭格拉斯哥大學攻讀化學，後於蘇格蘭到處拜訪酒廠，最後於斯佩賽區的 Longmorn 酒廠學習到關於威士忌的種種知識。在停留蘇格蘭的期間，他瘋狂地愛上了當時借住的某位醫生遺孀家中的女兒 Rita，兩人未經雙方家長同意就私自結婚，時為日本社會風氣相當封閉的 1920 年。回到日本後，經歷文化衝突、語言障礙甚至後來二次世界大戰同盟國與軸心國立場的對立，他們的愛情與酒廠共同經歷了相當辛苦的時期。

酒廠資訊

地址：北海道余市郡余市町　川町 7-6

電話：+81 (0) 135 23 3131

網址：www.nikka.com

　　竹鶴先生原是 Suntory（三得利）集團下山崎蒸餾廠的建造人之一，因堅持遵循蘇格蘭風味，與 Suntory 另一位創辦人想法迥異，在理念不同的情況下，竹鶴先生離開 Suntory，選在與蘇格蘭人口、面積、氣候雷同的北海道札幌西邊，打造出非常傳統蘇格蘭風的 Nikka 余市蒸餾廠。也因為這樣，我在余市博物館裡竟然看到完整的山崎蒸餾廠的原始建構圖，是個相當有趣的狀況。

　　1934 年竹鶴政孝師承當年在 Longmorn 的記憶與經驗所興建的 Nikka 酒廠，彷彿一個遺世獨立的威士忌桃花源，時間幾乎沒有在此留下痕跡。步道蜿蜒穿過草皮，路邊松樹矗立點綴，沿途可看到一整排整齊乾淨的小石屋，竹鶴先生與妻子過去就曾經住在其中一棟小屋裡面，而小屋依然保留他們生前居住的模樣。

　　酒廠採用現今諸多蘇格蘭酒廠都放棄的傳統煤炭直火加熱蒸餾器；直火加熱極度依賴師傅的經驗來控制溫度，連帶著也影響到出來的味道並不保證統一。如果有機會喝到余市的單桶的酒，可以比較看看每一次喝到的口感，這種不完美中的完美，似乎也呼應了竹鶴先生的浪漫。Nikka 近年來也有使用蒸汽間接加熱，並且是世界上少數仍自己用泥煤燻麥的酒廠，水源則來自於蒸餾廠內部的一口井，水質非常軟，基於身處在北海道，水質當然不用說。比起以泥煤味聞名的蘇格蘭艾雷島，余市威士忌趨於內斂但不失堅毅。Nikka 使用的酒桶多元，得獎的「1987」就有不同形態酒

桶影響；而廠中酒桶排列使其充分地與大自然交流。余市先天優良的自然條件，面山背海的地理位置讓山與海的氣味都能滲入酒裡，古法製造與蘇格蘭高地泥煤風味的造就其強勁厚實的口感。想像著在北海道的冬天，冷冽被白雪包覆的下雪夜晚，凍着的身體，喝一口強勁煙燻味的余市，會讓人有活著的感覺，有著絕對的感動。

Yoichi 10 Years old

香氣： 淡淡的煙燻泥煤、烘烤堅果與木頭，微微的藍莓香氣。

口感： 口感圓潤，有煙燻泥煤、熟成水果與堅果的味道。

尾韻： 中短，尾段有很特別的煙燻水果的香氣。

C/P 值： ●●●●○

價格： NT$1,000 ～ 3,000

Yoichi Single Malt

香氣： 淡淡的煙燻泥煤、熟成香蕉、白胡椒與微微的杏仁香氣。

口感： 口感圓潤，有煙燻泥煤、熟成香蕉與奶油的味道。

尾韻： 中短，尾段有很特別的奶油的香氣。

C/P 值： ●●●○○

價格： NT$1,000 以下

日本威士忌的開山始祖
Yamazaki

山崎

　　日本第一家蒸餾廠：Yamazaki 山崎蒸餾酒廠於 1923 年成立，1924年投產。山崎位於大阪郊區一座竹林遍佈的小山腳下，離京都也很近。茶道大師三船敏郎的茶室就在這裡，所以不難猜到這個地區以水質好而聞名。山崎地區自古擁有「水生野」的稱呼，「水生野」意為在大自然曠野中湧出的水源，而「離宮之水」即是其中之一，它的質純清洌，被日本環境廳（相當於台灣環保署）選為日本名川百例之一。製作威士忌的重要因素就是水源，由此可知山崎蒸餾廠得天獨厚的自然環境。為了保護酒廠珍貴的水源地，他們甚至將周遭的森林地都全數買下作為酒廠的資產，確保並維護水源的質地。有機會去造訪山崎酒廠的話，一定要去見識一下那清澈見底的純淨水源。

　　在蘇格蘭，為了增加調和式威士忌的香氣與口感複雜度，蒸餾廠們會互相交換威士忌原酒。但是日本由於蒸餾廠的數量不多，又處於相互競爭的角色，能換到的威士忌原酒有限。為了能讓自家的威士忌香氣與味道更加豐富，山崎改造酒廠的蒸餾器型狀、以及進行其它製作過程的

酒廠資訊

地址：大阪府三島郡島本町山崎 5-2-1

電話：+81 (0) 75 962 1423

網址：www.suntory.com/factory/yamazaki

變更、創新實驗，藉由不同型狀的蒸餾器與多樣製成因子下的改變，來增加原酒的變化度。整個過程與規模簡直像是創立實驗室般的縝密與耐心試驗，經由創新、不斷的配對與改良，打造出多樣化的原酒與搭配風格！

首先，在 2005 年夏天，Suntory（三得利）集團開始更換 3 對蒸餾器，新的蒸餾器於 2006 年 2 月開始工作。山崎總共有 6 對壺型蒸餾器，按 1 至 6 對蒸餾器組進行編號。第 1 組、第 2 組和第 4 組是被更換的 3 對蒸餾器。新的蒸餾器比原先要小，酒精蒸餾器的容量從原來的 3 萬升，改成只有 1.2 萬升。所有新的壺型蒸餾器形狀互不相同。第一組蒸餾器的頸部豎直、林恩臂朝下、角度很大。第 2 組的兩個蒸餾器都安裝了沸騰球，得到的烈酒口感優雅。第 4 組兩個蒸餾器的頸部很寬，得到的烈酒口感平衡。所有的蒸餾器都使用直接加熱。這些改變成功創造出各種口味濃郁而豐富的麥芽威士忌。

不僅在蒸餾器上增加變化，山崎還在冷凝器上做實驗。第 3 組採用不鏽鋼的蟲桶來冷凝、第 5 組的蒸餾器採用木製的蟲桶來冷凝，不同的冷凝器會影響水蒸氣冷凝的速度，也會影響到威士忌的口感。山崎蒸餾廠原本只使用蒸餾酒酵母，後來開

始混合使用蒸餾酒酵母和啤酒酵母。

改進蒸餾器與酵母後，最後，山崎蒸餾廠使用許多創新的木桶來熟成威士忌，例如：竹製酒桶、梅子的酒桶等等。最有名的就是用日本橡木所作成的「水楢桶」，此酒桶所熟成出的威士忌都帶有非常清新的木桶香氣，在調和式威士忌中混合一些水猶桶的原酒，更能增加威士忌複雜層次的口感。這也是為什麼近年來 Suntory「響」系列頻頻獲得國際大獎的因素之一。

2004 年，Suntory 開始推行 Owner Cask 項目，為個人特別裝瓶。客戶可以親自挑選自己喜愛的威士忌。每桶的價格從 50 萬日圓到 3,000 萬日圓不等。2005 年推出了山崎 50 年陳釀並在數小時內銷售一空，2006 年他們又推出了 300 瓶 35 年陳釀，每瓶標價高達 50 萬日圓，也迅速銷售一空。這款威士忌洋溢奶油氣息，又有蘋果的香氣，回味中帶有檀木的香味。

山崎遊客中心曾獲得了由威士忌雜誌 *Whisky Magazine* 品評的「威士忌偶像 2006（Icons of Whisky 2006）年度遊客中心獎」。

The Yamazaki Single Malt Whisky

香氣：梅果乾、櫻桃、草莓、蜂蜜、橘子皮與細緻的橡木香氣。

口感：口感圓潤，蜂蜜的香甜味、梅果乾的酸甜與細緻的橡木氣味。

尾韻：中長，尾段有一股細緻梅果乾與肉桂香氣。

C/P 值：●●●●○

價格：NT$1,000 ～ 3,000

The Yamazaki Single Malt Whisky Aged 12 Years

香氣：熟成水果、青梅、麥芽、細緻的橡木香氣與蜂蜜的香甜。

口感：口感圓潤細緻，櫻桃、香草奶油、梅乾與麥芽香甜的口感。

尾韻：中長。

C/P 值：●●●●○

價格：NT$1,000 ～ 3,000

The Yamazaki Single Malt Whisky Aged 18 Years

香氣：梅乾、太妃糖、橘子果醬、麥芽、蜂蜜與草莓果香。

口感：口感渾厚，有來自雪莉桶的芳香、蜂蜜、奶油、胡椒、巧克力與柑橘。

尾韻：悠長，尾段有一絲絲黑巧克力與奶油氣味。

C/P 值：●●○○○

價格：NT$1,000 ～ 5,000

The Yamazaki Single Malt Whisky 25 Years Old

香氣：熟成水果、雪莉酒、柑橘皮、草莓、橘子果醬與黑巧克力的香氣。

口感：口感醇厚複雜，有豐富的果香、細緻煙燻木桶與淡淡的黑巧克力味。

尾韻：悠長，尾段有非常悠長的水果與橡木的氣味。

C/P 值：●●○○○

價格：NT$5,000 以上

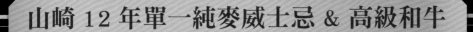

山崎 12 年單一純麥威士忌 & 高級和牛

　　甘美又帶著獨特的櫻桃、梅子、日式檀香等香氣，偏向蜂蜜而非麥芽甜味的口感，是山崎威士忌很大的一個特色；而這樣的味道與高級的和牛搭配起來堪稱是天作之合；不需要太多的佐料調味，適度燒烤，大約 7 分熟的和牛，一口咬下去那鮮美的肉汁，入口即化的口感絕對讓所有吃過的人永生難忘，這時候喝下一口山崎 12 年，鮮美昇華為甘甜，燒烤的香氣進化成一首多層次，與威士忌共鳴的香味交響曲。

推薦餐廳：甕也炭火燒肉

隨著威士忌逐漸風行全球，有越來越多國家成立威士忌酒廠，搶食這塊大餅。其中兩個國家我非常看好，一個是台灣；另一個是瑞典。

台灣目前為全世界非常重要的威士忌市場。沒有任何理由，我們自己不生產自己國家的威士忌，更何況我們有廣大的中國內需市場當腹地。只要專注品質，精益求精，相信不久的將來台灣威士忌會風行世界。

瑞典目前已經有 8 家威士忌酒廠正在運作，已經漸漸形成一個產區特色，未來勢必得到越來越多威士忌迷的關注。

第4章　新興威士忌

史上最強體驗行銷度假村酒廠

Mackmyra

瑞典 馬克米拉

　　Mackmyra 成立於 1999 年，距離首都斯德哥爾摩大約一個小時的車程。目前有兩個廠區，新廠耗資 1 億 4,500 萬歐元有計畫性地蓋成威士忌度假村。廠區裡有一個超大型的儲藏酒窖，沒親身經歷見識到的人，實在沒法體會這個酒窖的規模。裡面總共有 20 萬桶酒的儲備量，而且還只是一期工程，陸續還會有二、三期工程。目前 Mackmyra 主力放在銷售小酒桶給私人擁有，預計在 2014 年達到每年賣出 4,000 桶的量，平均一桶的價格為 2,000 歐元到 4,000 歐元之間。新酒廠強調的是一種體驗行銷，遊客可以先到在酒廠內的度假村享受與遊逛，然後購買酒桶。為了讓酒廠獨立於外界不受干擾，酒廠還花了不少錢跟瑞典軍方把周遭的土地與河流買下，讓酒廠與旅客中心的旅客有專屬的森林與河流度假與休息。酒廠提供 3 種酒桶供客人選擇，分別是美國波本橡木桶、西班牙橡木雪莉桶與瑞典橡木桶，個人比較推薦瑞典橡木桶，而每位買下酒桶的人都會擁有自己的免費儲酒空間 3 年，若 3 年後還不裝瓶的話，每年需支付 50 至 100 歐元倉儲費。

酒廠資訊

地址： Nobelvägen 2, 802 67 Gävle, Sweden

電話：+46 (0) 26 54 18 80

網址：mackmyra.com

　　Mackmyra 的舊廠像是一個世外桃源，有清澈的水流與漂亮的建築物，是一個小型又有味道的蒸餾廠，旁邊還有一座私人的高爾夫球場。舊廠的附近有一個蓋在山洞下 50 公尺底下非常壯觀的酒窖，要開車下去才能抵達。酒窖總共有四個大型儲藏室與一個裝瓶工廠，每年均溫 12 度，放在這裡的酒桶第一年的 Angel Share 為 3%，以後每年為 1.5%，變化不大。這酒窖可是 Mackmyra 酒廠的秘密武器，酒廠的 First Edition 酒就全部出自於這個全世界最深的威士忌山洞酒窖中！據該酒廠的 Erik 表示，該酒窖的氣溫穩定又在地底下，所以儲藏在這裡的酒品質非常穩定，不容易受到氣候的影響導致每個酒桶的品質不一，該酒廠的首席調酒師 Angela 就非常推崇該酒窖的酒質穩定度，讓調酒師非常好發揮，這也是 Mackmyra 威士忌近年來逐漸被威士忌迷們所注意且驚嘆的原因之一。

推薦單品

Mackmyra Brukswhisky

香氣： 相當的淡雅，不太尋常的酒精強度，些許的亮光
漆、明顯的杏仁，和一點點的類似苦艾酒的氣味，
整體清爽。

口感： 口感柔順，細緻的麥芽與杏仁的味道。

尾韻： 中長，尾段有一股細緻的麥芽香甜味。

C/P 值： ●●●○○

價格： NT$1,000 ～ 3,000

Mackmyra Preludium 01

香氣： 蘋果、檸檬和淡淡一股酵母菌的味道，還有剛鋸下
的木屑、草地上的花和種植於花園的薄荷葉。

口感： 口感圓潤，帶有烤蘋果與杏仁的風味。

尾韻： 中長，尾段有花朵、柑橘與些微的太妃糖氣味。

C/P 值： ●●●○○

價格： NT$5,000 以上

蘭陽平原有好山好水好釀酒廠
The Kavalan
台灣 噶瑪蘭

2008 年建廠，坐落於台灣好山好水的宜蘭，成立短短數年，噶瑪蘭威士忌已經囊括了無數國際大獎，在 2010 年蘇格蘭利斯港的一場盲飲會中以優異的分數拿下了第一，跌破大家眼鏡；在 2013 年奪下世界威士忌競賽（WWA）的年度風雲蒸餾廠殊榮，經典獨奏 Fino 桶更是在美國國際烈酒評鑑（IRSC）中拿到滿分的榮耀。

金車集團在台灣以家用品起家，跨足飲料市場也已經有 30 多年的歷史，以伯朗咖啡為先鋒進軍國際。為了創立噶瑪蘭酒廠，金車集團以董事長李添財為首，出國考察了許多次，也特地請來日本威士忌酒廠的專家評估，並聘請專家做了許多分析與調查報告，雖然報告的結果，專家們並不建議在台灣興建酒廠，但集團在不斷的考察與試酒過程確認了想要生產出的風味與蒸餾器的形狀以及結構。目前有 2 組蒸餾器，除了保養期間之外幾乎全年無休的在蒸餾原酒，

關於台灣第一家威士忌蒸餾廠的取名，我曾經問過他們為何要以噶瑪蘭作為品牌名稱，創辦人非常堅持的認為既然蘇格蘭的酒廠可以用他

酒廠資訊

地址：宜蘭縣員山鄉員山路 2 段 326 號

電話：（03）922-9000 分機 1104

網址：www.kavalanwhisky.com/index.html

們的古地名命名，台灣當然也可以。這樣的精神讓噶瑪蘭成為台灣第一家威士忌蒸餾廠，並不負眾望的拿下一座又一座的獎項，讓國際上的朋友都知道，台灣人不是只會喝單一純麥威士忌，我們也是會釀出屬於自己的單一純麥威士忌！

由於台灣氣候太熱，不像蘇格蘭天然恆冷，加上台灣的法規規定酒廠只能設立在工業區等不良條件，使得酒廠木桶平均蒸發的比例太高，導致噶瑪蘭很難做到 5 年以上的酒。製作威士忌桶子與熟成的步驟非常重要，用一般的酒類製作來看待其實非常不公平，台灣政府如果可以早日修改一些舊的菸酒管理辦法與酒廠設置規定，其實宜蘭金車威士忌酒廠也是非常容易能找到個山洞像金門高粱一樣在地窖中熟成，想像著橡木桶們在山洞中慢慢熟成，他們應該也很愉快吧！

推薦單品

Kavalan Single Malt Whisky

香氣：花香、果香味、蜂蜜、熱帶芒果、青蘋果、洋梨、香草、椰子與淡淡的巧克力味道。

口感：口感圓潤，水果之香甜風味與橡木辛香風味。

尾韻：中短，尾段帶有一股淡淡的柑橘味道。

C/P 值：●●●○○

價格：NT$1,000 ～ 3,000

Kavalan Solist Fino Sherry Cask

香氣：雪莉桶香氣、奶油、太妃糖巧克力和複雜的水果香氣。

口感：口感濃郁，水果軟糖的香甜，豐富的果香味穿插著煙燻木頭口感。

尾韻：悠長，尾段有非常豐富的果香氣味。

C/P 值：●●●●○

價格：NT$5,000 以上

品酒筆記

附錄 1

精選酒吧介紹

台北 / 台南 / 高雄 / 東京 / 札幌 / 倫敦 / 愛丁堡 / 香港 / 上海

※ 本附錄地圖由 *Whisky Magazine* 授權提供。

Taiwan
Taipei
台灣 台北

 Indulge
地址：台北市復興南路一段219巷11號
電話：02-2773-0080

 Trio華山店
地址：台北市中正區八德路一段一號〈華山1914文創區內〉
電話：02-2358-1058

 Mod
地址：台北市大安區仁愛路四段345巷4弄40號
電話：02-2731-4221

Office of the President Republic Of China

National Concert Hall

National Central Library

National Theater

National Museum of History

VANHUA

Ta-an Forest Park

RÉN'ÀI ROAD

XINYL RD

HÉPING WEST ROAD

Zhongzheng Riverside Park

SHUIYUAN RD

 **Champagne Bar**
地址：台北市安和路一段75號
電話：02-2755-7976

China White & Wine
地址：台北市安和路一段73號
電話：02-2705-5119

 MR.83
地址：安和路一段83號
電話：02-2325-3883

 Four Play
地址：台北市大安區東豐街67號
電話：02-2708-3898

 L'arriere-cour 後院
地址：台北市大安區安和路二段23巷4號
電話：02-2704-7818

 Trio安和店
地址：台北市大安區敦化南路2段63巷54弄12號
電話：02-2703-8706

 Salud
地址：台北市大安區安和路二段77號
電話：02-8732-2332

 Nox
地址：台北市大安區安和路二段71巷7號1樓
電話：02-2732-5826

500m

窩台北
地址：台北市大安區忠孝東路四段205巷39號
電話：02-8771-9813

格蘭公園
地址：台北市信義區東興路51號1樓
電話：02-8768-2508

ST ROAD

BĀDĒ ROAD

W Hotel 紫艷
地址：台北市信義區忠孝東路五段10號31樓
電話：02-7703-8888

SHIMIN BLVD

RÉN'ÀI ROAD

XINYL RD

Taipei 101

TAIPEI

JĪLÓNG ROAD

DAAN

PÍNG EAST ROAD

Marquee Restaurant & Lounge
地址：台北市信義路五段16-1號
電話：02-2729-5409

Stream
地址：台北市松壽路12號10樓之3
電話：02-7737-8858

Marsalis Home x Whisky Gallery
地址：台北市信義區松仁路90號3樓
電話：02-87890111

Alchemy Bar
地址：台北市信義區信義路五段16-1號2樓
電話：0987-253-101

Barcode
地址：台北市信義區松壽路22號5F
電話：0970-189-818

Prozac Balcony
地址：台北市安和路二段235號1樓
電話：02-2377-1118

The Den
地址：台北市信義區松壽路22號5F
電話：0970-189-818

Japan
Sapporo
日本 札幌

CHUO WARD

NISH...
WARD

Bar Ikkel
地址：Minami6 Nish4 Jasmac
Sapporo No.6 2nd Floor,
Chuo-ku
電話：+81 (0) 11 531 7433

Bar Brora
地址：Minami5 Nishi3 Latin Building
3rd Floor,Chuo-ku
電話：+81 (0) 11 531 7433

NORBESA

TEINE
WARD

100m

• Sapporo...
Hospital

• Hokkaidodai
Hospital

The Bow Bar
地址：Minami4 Nishi2,7-5 Hoshi
Building 8th Floor, Chuo-ku
電話：+81 (0) 11 532 1212

The Nikka bar
地址：Minami4 Nishi3 No.3 Green
Building 2nd Floor, Chuo-ku
電話：+81 (0) 11 518 3344

Bar Yamazaki
地址：Minami3 Nishi3 Katsumi
Building 4th Floor, Chuo-ku
電話：+81 (0) 11 221 7363

2km

O T A R U

Otaru
Station

ORORON LINE

INAHO

CHUO DORI

ODARI

SAKAIMACHI

IRONAI

TOMIOKA

NAGAHASHI BY-PASS

200m

Ishihari Bay

Sea of Japan
(East Sea)

Bar Hatta
地址：1-8-18, Hanazono, Otaru-shi
電話：+81 (0) 134 25 6031

Ise Zushi
地址：3-15-3, Inaho,Otaru-shi
電話：+81 (0) 134 23 1425

Sapporo

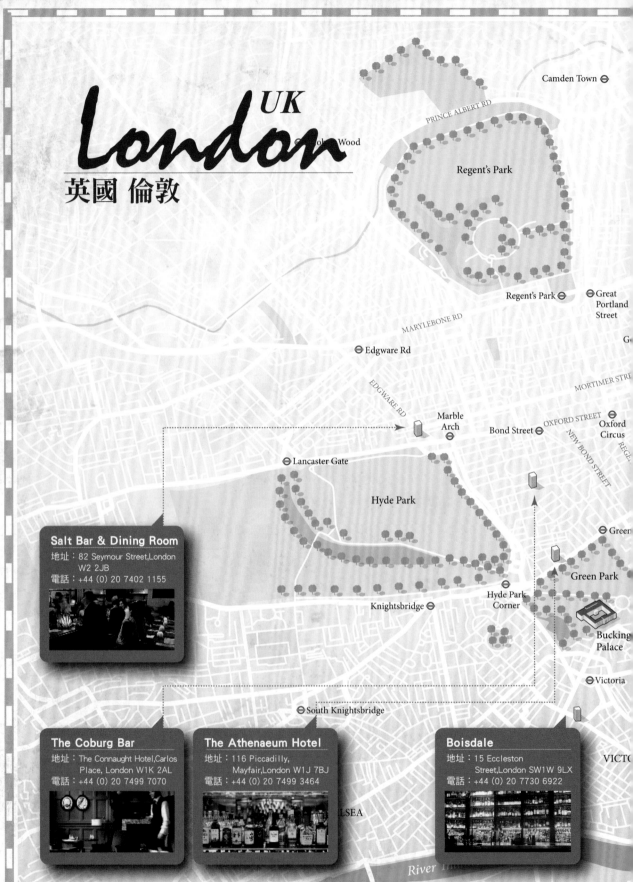

London
UK
英國 倫敦

Camden Town ⊖

PRINCE ALBERT RD

St John's Wood

Regent's Park

Regent's Park ⊖ ⊖ **Great Portland Street**

MARYLEBONE RD

⊖ **Edgware Rd**

EDGWARE RD

Marble Arch ⊖

MORTIMER STREET

Bond Street ⊖ OXFORD STREET ⊖ **Oxford Circus**

NEW BOND STREET

⊖ **Lancaster Gate**

Hyde Park

⊖ **Green**

Green Park

Knightsbridge ⊖

Hyde Park Corner

Bucking Palace

⊖ **Victoria**

⊖ **South Knightsbridge**

VICTO

Salt Bar & Dining Room
地址：82 Seymour Street,London
　　　W2 2JB
電話：+44 (0) 20 7402 1155

The Coburg Bar
地址：The Connaught Hotel,Carlos
　　　Place, London W1K 2AL
電話：+44 (0) 20 7499 7070

The Athenaeum Hotel
地址：116 Piccadilly,
　　　Mayfair,London W1J 7BJ
電話：+44 (0) 20 7499 3464

Boisdale
地址：15 Eccleston
　　　Street,London SW1W 9LX
電話：+44 (0) 20 7730 6922

LSEA

River T...

Battersea Park

The Lexington Bourbon Bar
地址：96-98 Pentonville Road, London N1 9JB
電話：+44 (0) 20 7837 5371

The Whistling Shop
地址：63 Worship Street, London EC2A 2DU
電話：+44 (0) 20 7247 0015

All Star Lanes
地址：95 Brick Lane London E1 6QL
電話：+44 (0) 20 7426 9200

SMWS
地址：19 Greville Street London EC1N 8SQ
電話：+44 (0) 20 7831 4447

The Britannia
地址：44 Kipling Street London SE1 3RU
電話：+44 (0) 20 7403 1030

Albannach
地址：66 Trafalgar Square,London WC2N 5DS
電話：+44 (0) 20 7930 0066

Vintage House
地址：42 Old Compton Street,London W1D 4LR
電話：+44 (0) 20 7437 2592

The Lonsdale
地址：48 Lonsdale Road,London W11 2DE
電話：+44 (0) 20 7727 4080

LONDON

ISLINGTON
CITY RD
OLD STREET
Old Street
Shoreditch High Street
WESTWAY
Westbourne Park
Moorgate
Liverpool Street
LONDON WALL
Royal Oak
Paddington
Maida Vale
Warwick Avenue

Chancery Lane
Holborn
Centre Point
NEWGATE ST
FARRINGDON ST
St Paul's
St Paul's Cathedral
CHEAPSIDE
Mansion House
Bank
Blackfriars
Cannon Street
Monument
Tower Hill
Tower Gateway
Queensway
Notting Hill Gate
Aldgate East
Aldgate

Covent Garden
Leicester Square
Circus
VICTORIA EMBANKMENT
WATERLOO BRIDGE
London Eye
Waterloo
BLACKFRIARS ROAD
SOUTHWARK STREET
Southwark
Holland Park
River Thames
London

Westminster
Park
Houses of Parliament
Lambeth North
BOROUGH HIGH ST
Elephant & Castle
Gloucester Rd
Earl's Court

Oval
Fulham Broadway

N

London

300m

Edinburgh UK

英國 愛丁堡

Bon Vivant
地址：55 Thistle Street
電話：+44 (0) 131 225 3275

Bramble
地址：16A Queen Street
電話：+44 (0) 131 226 6343

West Princes
Street Gardens

National War
Museum

Royal Scots
Regimental
Museum

The Black Cat
地址：168 Rose Street
電話：+44 (0) 131 226 2990

Amber Restaurant
地址：354 Castlehill The Royal Mile
電話：+44 (0) 131 477 8477

Bow Bar
地址：80 West Bow
電話：+44 (0) 131 226 7667

Edinburgh

100m

♪ TO SMWS The Vaults

SMWS The Vaults
地址：87 Giles Street Leith
電話：+44 (0) 131 554 3451

Regents
Gardens

St James
Shopping
Centre

LEITH WALK

MONTGOMERY STREET

LONDON

WATERLOO PLACE

CABLES WYND

HENDERSON ST

GREAT JUNCTION ST

LEITH WALK

A900

REGENT ROAD

CALTON ROAD

EDINBURGH

EAST MARKET STREET

CANNONGATE

NORTH BRIDGE

rley
n

: Giles
athedral

HOLYROOD ROAD

SOUTH BRIDGE

CHAMBERS STREET

ATE.

Scottish
Parliament

Palace of
Holyrood

QUEEN'S DRIVE

Holyrood Park

Royal McGregor
地址：City Centre Ward
電話：+44 (0) 131 225 7064

the royal mcgregor

Whiski
地址：119 High Street
電話：+44 (0) 131 556 3095

PLEASANCE

CLERK STREET

The Meadows

其他地區

東京

Bar A Vins Tateru Yoshino Park Hotel Tokyo	地　址：Shiodome Media Tower 1-7-1 Higashi Shimbashi, Minato-ku 105-7227, Tokyo 電話：+81 (0) 3 6252 1111
Bar High Five	地址：4th Floor, No. 26 Polestar Building, Tokyo, 7-2-14 Ginza 電話：+81 (0) 3 3571 5815
Bar Rage	地址：3F Aoyama Jin & IT Bldg, 7-13-13 Minami-Aoyama, Tokyo 電話：+81 (0) 3 5467 3977
Tender Bar	地址：Nogakudo Bldg, 6-5-15 Ginza, Tokyo 電話：+81 (0) 3 3571 8343
Star Bar Ginza	地址：Sankosha Building B1F, 1-5-13 Ginza, Tokyo 電話：+81 (0) 3 3535 8005
Lobby Bar and Lounge at the Ritz Carlton.	地址：Akasaka 9-7-1, Ritz-Carlton 45F, Tokyo 電話：+81 (0) 3 3423 8000
Lexington Queen	地址：3-13-14 Roppongi Tokyo Prefecture Minato, Tokyo 電話：+81 (0) 3 3401 1661
Bar Whisky-S	地址：Kaneko Building B1, 3-3-9, Ginza, Chuo-ku, Tokyo, 104-0061 電話：+81 (0) 3 5159 8008
Bar Atrium Ginza	地址：Okura Building annex, 3-4-4, Ginza, Chuo-ku, Tokyo, 104-0061 電話：+81 (0) 3 3564 2888

香港

b.a.r. Executive Bar	地址：銅鑼灣耀華街 3 號百樂中心 27 樓 電話：+852 (0) 2893 2080
Angel's share	地址：中環蘇豪荷李活道 23 號金珀苑 2 樓 電話：+852 (0) 2805 8388 網址：www.angelsshare.hk
The Canny Man	地址：灣仔駱克道 57-73 號香港華美粵海酒店地庫 電話：+852 (0) 2861 1935 網址：www.thecannyman.com
千日里	地址：香港島中環干諾道中 5 號香港文華東方酒店 1 樓 電話：+852 (0) 2825 4009 網址：www.mandarinoriental.com.hk/hongkong/dining/restaurants/the_chinnery

上海

南十字星	地址：徐匯區淮海中路 1276 號 電話：+86 (0) 21 5404 7211
Malt Fun	地址：徐匯區湖南路 123 號 電話：+86 (0) 21 6212 8728
CONSTELLATION BAR	**NO. 1 酒池星座（新樂路店）** 地址：徐匯區新樂路 86 號 電話：+86 (0) 21 54040970 **NO. 2 酒池星座（永嘉路店）** 地址：盧灣區永嘉路 33 號 電話：+86 (0) 21 54655993 **NO. 3 酒池星座（丁香路店）** 地址：浦東新區丁香路 1399 弄 30 號鄰里之家 2 樓 電話：+86 (0) 21 50339882
Lab. whisky & cocktail.	地址：靜安區武定路 1093 號 , Shanghai, China 電話：+86 (0) 21 6255 1195 網址：weibo.com/u/2879739754

台南・高雄

TCRC 二店	地址：台南市中西區新美街 117 號 電話：06-222-8716
麥芽 Malt Public House	地址：台南市劍南路 77 號 2 樓 電話：06-226-6591
Mini Fusion	地址：高雄市荃雅區林德街 1 0 巷 4 號 電話：07-715-8671
Marsalis Bar 馬沙里斯爵士酒館	地址：高雄市新興區中正四路 71 號 2F 電話：07-281-4078
Mini Enclave 聚落	地址：高雄市美術東五路 120 號 電話：07-550-1388
Ann Cocktail Lounge	地址：高雄市新興區達仁街 34 號 電話：07-222-3072
Bridge bistro 鑫橋人文餐酒館	地址：高雄市前金區新盛一街 26 號 電話：07-285-4165

附錄 2

Whisky and Spirits Research Centre
台北威士忌圖酒館

SMWS（The Scotch Malt Whisky Society）
蘇格蘭麥芽威士忌協會介紹

Whisky and Spirits Research Centre
台北威士忌圖酒館

2012 年底，Whisky and Spirits Research Centre 正式落成了。

對於品飲威士忌的環境與氛圍，或許與我過去在英國求學與造訪過百餘間酒廠的經歷影響，我一直有著憧憬，希望有一個地方，擺滿木頭家具與皮沙發，有著昏黃氣氛的光線照映著木頭，不是老舊、是濃濃舊舊的復古英式風。整面牆的木板層架上擺滿各式各樣以及各家我造訪過酒廠的威士忌，最好還有許多限量的珍貴版本與收藏版。也一定要有個長吧台，品飲威士忌必須的品酒杯等必須一應俱全，可以在裡面舒適奢侈的品飲限量威士忌搭配雪茄，對於威士忌的熱愛如我，人生夫復何求！

Whisky and Spirits Research Centre 就是我的夢想落實，就在台北、距離我們很近的地方，而且獨一無二。現在這裡是我辦公、想事情、做生意以及邀請好朋友與威士忌愛好者聚會的地方，我知道，大家在這裡的時光一定跟我一樣很愉悅與享受。

這裡是夢想的實現地、也是許多新夢想的發源中心，只要是有關威士忌的理想與夢想都可以恣意地在這裡被創造與啟發，於是我們也在這裡舉辦一場一場的品酒

會與威士忌教學會，希望更多愛好威士忌的同好與我們一起成長與被滋養。同時，因為這裡對於我就像年代久遠的圖書館般壯觀與富有意義，而又可以豪氣的說這裡的威士忌酒遠遠多過於比書。說圖書館太猖狂，於是私心又驕傲的稱這裡是「Whisky Library 威士忌圖酒館」！

對於 Whisky and Spirits Research Centre 的規劃從 2010 年就開始，除了品酒會與教學課程場地之外，基於我一直認為「酒是拿來喝的，不是拿來看的」，目前正朝著將層架上都放滿開過的酒為目標持續努力著，威士忌加上其它基酒總共可以達到 1,000 至 2,000 支不同的酒。秉持著圖書館的概念，以後若有其它作家要寫酒類的書籍，不好找的酒種或是產區可以來這邊找到。也希望不久的將來會在這裡舉辦「Bartender Training Programme 調酒師教育訓練」，讓台灣 Bartender 們有機會喝過各種不同的酒、體驗其味道，對他們在調酒的技藝上才會精進，對於酒類產業才算真正的貢獻。

SMWS（The Scotch Malt Whisky Society）
蘇格蘭麥芽威士忌協會介紹

THE SCOTCH MALT
WHISKY SOCIETY

　　大約在 1970 年中期，一小群愛好威士忌的好朋友聚在一起，一同品嚐出自 Glanfarclas 蒸餾廠的一桶麥芽威士忌原酒，從此開始了蘇格蘭麥芽威士忌協會（The Scotch Malt Whisky Society，簡稱 SMWS）的歷史。

　　協會從過去到現在一直堅持用單一酒桶的威士忌直接裝瓶成單桶原酒（Single Cask Strength）和不採取冷過濾裝瓶方式，只會在裝瓶前過濾掉一些肉眼可見的雜質。認為每一桶酒都是那麼的獨特、與眾不同的，而當一桶威士忌酒被喝完，它也就永遠的消失，那相同的感動也不會再重複。

　　SMWS 每星期舉辦一次的選酒品酒會，由蘇格蘭威士忌業界的大師 Charles Maclean 擔任主席，並為會員撰寫品酒心得筆記。為了確保會員喝到的是一流的威士忌原酒，協會的選酒團隊有一套非常嚴格的選酒標準。無論是否為知名酒廠所生產的酒，都必須通過層層考驗與無情的批判；所有酒必須通過過半數人認可，並超過

協會規定的分數標準，才能有機會裝瓶；根據協會選酒團隊多年的經驗，每次通過認可的酒不到審核的 1/3。經過 20 多年的嚴格選酒標準，建立了 SMWS 在威士忌業界卓越的聲譽。協會所挑選的酒不僅有極高的品質保證，也從未讓會員失望過。這也是為何 SMWS 全球的會員逐年增加的最主要原因。

SMWS，除了是一個會員制的威士忌協會之外，同時也是一個品牌。與世界 129 間知名威士忌蒸餾廠合作，不僅涵蓋大多數的蘇格蘭威士忌蒸餾廠（包括已關廠的），也涵蓋了許多知名的愛爾蘭與日本威士忌蒸餾廠。將每個酒廠的橡木桶內的原酒（Single Cask），裝入協會瓶中，完全不添加其它東西，呈現威士忌原本的風貌。

在包裝上，為避免對於品牌約定俗成的看法，協會酒款統一以數字標示，小數點前方的數字代表酒廠編號、小數點後方的編號代表桶號。每桶只能裝出幾百瓶，每一瓶都是獨一無二口感，當一桶喝完後，就不會再有同樣口感的酒出現。數量稀少且珍貴。

SMWS 在威士忌業界享有非常超然的地位，這使得大多數的酒廠都樂於跟 SMWS 合作。SMWS 不僅是全世界最大與人數最多的威士忌專業組織，也是世界上少數擁有會員私人專屬的俱樂部的組織。目前在全球共有 15 個分會，全世界的會員超過 3.8 萬人，以及 5 個專屬的會員俱樂部；在愛丁堡總部的俱樂部還設有會員專屬的飯店，提供到蘇格蘭旅行的會員一個休息的地方。台灣也於 2007 年正式成為蘇格蘭麥芽威士忌協會在亞洲的第二個分會。

The Scotch Malt Whisky Society Taiwan	SMWS 台灣會員室
蘇格蘭麥芽威士忌協會　台灣分會	Marsalis Home X Whisky Gallery
網址：www.smws.com.tw	地址：台北市信義區松仁路 90 號 3F
	電話：02 2723 6278
	網址：www.facebook.com/marsalishome

參考資料

書籍

《開始享受單一純麥威士忌》田中四海、吉田恒道著，2011 年 1 月初版，漫遊者文化。

《威士忌全書：最完整權威的全球威士忌指南》麥可‧傑克森（Michael Jackson）著，姚和成譯，2007 年 12 月出版，積木文化。

101 Whisky to Try Before You Die：Ian Buxton 著，2010 年初版，Hachette。

First Refill Edition Enjoying Malt Whisky　Par Caldenby 著，2007 年出版，Kristianstads Boktryckeri AB, Sweden。

Japanese Whisky Facts, Figures and Taste　Ulf Buxrud 著，2008 年出版，DataAnalys Scandinavia。

Jim Murray's Whisky Bible 2009　Jim Murray 著，2008 年出版，DGB。

Malt Whisky Companion　Helen Arthur 著，2004 年再版，Apple。

Malt Whisky Yearbook 2010　2009 發行，MagDig Media Limited。

Michael Jackson's Malt Whisky Companion　Michael Jackson 著，2004 年出版，DK。

Scotland and It's Whiskies　Michael Jackson 著，2005 再版，Duncan Baird Publishers。

Scotch Missed Scotland's Lost Distillerie　Brian Townsend 著，2004 年出版，The Angel's Share。

The Enthusiast's Course on Enjoying Malt Whisky　Par Caldenby 著，2006 年初版，Malartyckeriet, Stockholm, Sweden。

The Malt Whisky File　John Lamond and Robin Tucek 著，2007 年四版，Canongate。

The Whisky Men　Gavin D. Smith 著，2005 年出版，Birlinn。

The Whisky River Distilleries of Speyside　Robin Laing 著，2007 年出版，Lauth Press Limited。

World Whisky　Charles Maclean 著，2009 年出版，DK。

Whisky and Scotland　Neil M. Gunn 著，1988 年再版，Souvenir Press Ltd.

雜誌

《威士忌雜誌國中文版》VOL.09，2013 春季號。華銘資本有限公司。

Whisky Magazine：Issue 108，2013 冬季號。Paragraph Publishing Ltd.

網路

威士忌達人學院：www.whiskymaster.com.tw/index.asp

蘇格蘭麥芽威士忌協會 台灣分會：www.smws.com.tw

Scotland Whisky：www.scotlandwhisky.com

WHISKY.COM.TW 網站：www.whisky.com.tw

Whisky.Com：www.whisky.com

Whisky Marketplace：www.whiskymarketplace.tw

Spirits：www.spirits.com.tw

Scotland.Com：www.scotland.com

Visit Scotland：www.visitscotland.com

Scotch Whisky.Net：www.scotchwhisky.net

蘇格登官方網站：www.singleton.com.tw

品酒網：www.p9.com.tw

全球單一純麥威士忌一本就上手

作　　者／黃培峻
封面設計／王皓、申朗創意
裝幀設計／申朗創意
攝　　影／陳至凡、尹德凱
編輯協力／王維穎、陳皓萱、陳韻竹、張育瑞
業　　務／王綬晨、邱紹溢
主　　編／王辰元
企劃主編／賀郁文
特約總編輯／趙啟麟
發 行 人／蘇拾平
出　　版／啟動文化
　　　　　台北市105松山區復興北路333號11樓之4
　　　　　電話：（02）2718-2001　傳真：（02）2718-1258
　　　　　Email：onbooks@andbooks.com.tw
發　　行／大雁文化事業股份有限公司
　　　　　台北市105松山區復興北路333號11樓之4
　　　　　24小時傳真服務（02）2718-1258
　　　　　讀者服務信箱 Email:andbooks@andbooks.com.tw
　　　　　劃撥帳號：19983379
　　　　　戶名：大雁文化事業股份有限公司

二版一刷　2023年06月
定　　價　699元
ISBN　978-986-493-138-5
ISBN　978-986-493-139-2（EPUB）

國家圖書館出版品預行編目(CIP)資料

全球單一純麥威士忌一本就上手/黃培峻著. － 二版. -- 臺
北市：啟動文化出版：大雁文化事業股份有限公司發行,
2023.06
　　面；　公分
　　ISBN 978-986-493-138-5(平裝)
　　1.威士忌酒 2.品酒 3.製酒 4.酒業

463.834　　　　　　　　　　　112007199